高职高专"十三五"规划教材

电子商务操作实训

主 编　张　洁　刘　跃　郑洁琼

副主编　彭新莲　周泽辉　董　敏　庞海英　邹　静

参 编　李梓仪　许海英　王彩凤

主 审　周金明

西安电子科技大学出版社

内 容 简 介

本书从电子商务当下的发展状况及企业的实际需求出发，详细介绍了电子商务交易的操作方法。

本书共九个项目，内容包括网上银行、CA 认证、B2C 网上交易流程、C2C 网上交易流程、B2B 网上交易流程、电子数据交换 EDI、物流网、网络营销、物联网产品体系与应用等。本书以培养电子商务操作型人才为目标，在梳理现有知识要点的基础上，注重对学生实际操作能力和营销能力的训练，科学、系统地讲授了电子商务操作实践和营销中的必备技能，让学生在情境中有目的、有问题、有思考地进行学习。

图书在版编目(CIP)数据

电子商务操作实训 / 张洁，刘跃，郑洁琼主编.—西安：西安电子科技大学出版社，2019.2
ISBN 978-7-5606-5267-2

Ⅰ. ①电⋯ Ⅱ. ①张⋯ ②刘⋯ ③郑⋯ Ⅲ. ①电子商务 Ⅳ. ①F713.36

中国版本图书馆 CIP 数据核字(2019)第 034797 号

策划编辑	杨丕勇
责任编辑	杨丕勇
出版发行	西安电子科技大学出版社(西安市太白南路 2 号)
电　话	(029)88242885　88201467　　邮　编　710071
网　址	www.xduph.com　　　　电子邮箱　xdupfxb001@163.com
经　销	新华书店
印刷单位	陕西天意印务有限责任公司
版　次	2019 年 2 月第 1 版　　2019 年 2 月第 1 次印刷
开　本	787 毫米×960 毫米　1/16　　印　张　12
字　数	206 千字
印　数	1～3000 册
定　价	30.00 元

ISBN 978-7-5606-5267-2 / F

XDUP 5569001-1

如有印装问题可调换

❖❖❖ 前　　言 ❖❖❖

　　近几年，中国电子商务发展势头迅猛。2018 年是中国电子商务快速发展的一年，随着大量的网店交易、手机支付的流行以及电商平台的兴起，电子商务职业岗位的人才需求也直线上升，人才紧缺有可能成为阻碍电子商务发展的重要瓶颈，因此，各个国家在制定电子商务法的同时，同样重视人才的培养。

　　目前，许多职业院校都在试水电子商务操作模式教学，有些学校通过校企合作进行实践，有些学校鼓励学生尝试使用新的操作平台进行创业。传统的电子商务教材以讲授电子商务的理论知识(如 B2C、B2B、C2C、O2O 模式)为主，内容晦涩难懂，不易于职业院校学生学习和理解。基于这些考虑，本书从实际应用出发，重点介绍流行的电子商务交易模式的操作方法，旨在向读者展示这些模式下开店与营销的整个过程，包括店铺的装修、创建、推广、交易、配送等，并且在实际项目中融入具体的营销技巧讲解，让学生在情境中有目的、有问题、有思考地进行学习。

　　本书共九个项目，每个项目的任务中均包含基础知识、任务拓展等，附录中还配备了与电子商务专业知识相关的理论考试试题，可用于电子商务员认证考试及专业基础知识测试。

　　本书由张洁、刘跃、郑洁琼任主编，彭新莲、周泽辉、董敏、庞海英、邹静任副主编。参加编写的还有李梓仪、许海英、王彩凤。本书由周金明主审。

　　由于编者水平有限，书中难免有不妥和疏漏之处，恳请广大读者批评指正。

编　者
2018 年 12 月

目　录

项目一　网上银行

2018年正值中国改革开放40周年，亦是"十三五"承上启下的一年。2017年中国电子商务交易规模继续扩大并保持高速增长态势，全年实现电子商务交易额29.16万亿元，同比增长11.7%；实现网上零售额7.18万亿元，同比增长32.2%；跨境电商进出口商品总额902.4亿元，同比增长80.6%；网购用户规模达5.33亿，同比增长14.3%；非银行支付机构在线支付金额达143.26万亿元，同比增长44.32%；快递业务累计完成400.6亿件，同比增长28%；电子商务直接从业人员和间接带动就业达4250万人。

数据显示，2017年，我国电子商务优势进一步扩大，网络零售规模全球最大，产业创新活力世界领先。中国电子商务在数字经济加快发展的新形势下，步入新一轮创新增长空间。

1996年2月，中国银行在国际互联网上建立了主页，首先在互联网上发布信息，这是我国第一个网上银行。目前工商银行、农业银行、建设银行、中信银行、民生银行、招商银行、太平洋保险公司、中国人寿保险公司等金融机构都已经在国际互联网上设立了网站。

网上银行又称网络银行、在线银行或电子银行，它是各银行在互联网上设立的虚拟柜台，银行利用网络技术，通过互联网向客户提供开户、销户、查询、对账、行内转账、跨行转账、信贷、网上证券、投资理财等传统服务项目，使客户足不出户就能够安全、便捷地管理活期和定期存款、支票、信用卡账户及进行个人投资等。

本项目主要介绍网上银行模块，并为学生提供一个模拟的网上银行网站，让学生通过实训来了解电子支付账号的申请及支付过程、企业网上银行和个人网上银行的账户管理、存款业务、转账业务、账务查询等服务。

实训目的及要求 ✎

(1) 掌握电子支付账号的申请及支付过程。

(2) 掌握企业网上银行和个人网上银行的账户管理过程。

任务　初识网上银行

一、企业网上银行

企业网上银行为企业提供注册、登录、账户管理、存款业务、转账业务、账务查询等服务。

1. 网上银行注册

(1) 进入电子银行首页，如图 1-1 所示，点击"企业网上银行注册"，同意协议，填写注册信息，点击"确定"，系统自动完成 CA 证书的申请，并给出银行账号、CA 证书编号和下载密码(同时把 CA 证书编号和下载密码以电子邮件形式发送到用户注册时填写的信箱)。

图 1-1

(2) 进入电子银行首页，点击"企业银行证书下载"，输入 CA 证书编号和下载密码，把证书下载到本地，完成注册。

2．网上银行登录

(1) 进入电子银行首页，点击"登录企业网上银行"。

(2) 系统显示 CA 身份验证框，如图 1-2 所示，选择合适的证书，点击"确定"。

图 1-2

(3) 银行通过验证后，用户输入账号和密码，点击"确定"即可登录网上银行。

3．账户管理

选择账户号码，点击"查看资料"，可以查看和修改"我的账户"中的资料。

4．存款业务

(1) 依次选择"电子银行"|"存款业务"。

(2) 填写存入金额和支付密码，点击"确定"。

5．转账业务

(1) 依次选择"电子银行"｜"转账业务"。

(2) 填写转入账号和转出金额，点击"确定"，如图 1-3 所示。

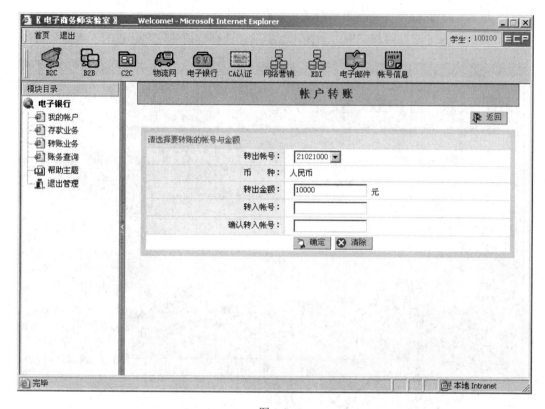

图 1-3

6．账务查询

依次选择"电子银行"｜"账务查询"，可以进行余额查询、交易明细查询、转账业务查询、电子支付查询等操作。

二、个人网上银行

个人网上银行用于为个人提供银行账号开户、存款等服务。拥有自己的网上银行账号后，可进行各种网上支付活动，其基本功能同企业网上银行。

任务拓展

(1) 莉莉想利用闲暇时间开个个人网店，为了开店准备，她先申请了一个 B2C 特约商户银行账号，用户名为"LILI***"，申请后并下载相应的 CA 证书。请在电子商务师实验室中模拟完成上述操作。(*** 代表学号后 3 位，其他信息自定义。)

(2) 以企业名称"创世***"注册一个企业客户网上银行账号，初始资金为 1000 元，主营行业为"化工"，公司所在地为"上海"，然后通过 CA 认证，登录到银行账号，并存入 500 000 元作为启动资金。请在电子商务师实验室中模拟完成上述操作。(*** 代表学号后 3 位，其他信息自定义。)

(3) 小华由于工作忙碌，经常在网上购物，最近他发现了一个物美价廉的网站，因此就以用户名"XIAOHUA***"注册了一个会员。通过浏览，他决定采用送货上门、银行转账的方式给女朋友买一瓶"CD 绿毒女士香水"，收货人姓名填写为"GIRL FRIEND***"。请在电子商务师实验室中模拟完成上述操作。(*** 代表学号后 3 位，其他信息自定义。)

项目二　CA 认证

　　电子商务认证授权(CA，Certificate Authority)机构，也称为电子商务认证中心，是负责发放和管理数字证书的权威机构，并作为电子商务交易中受信任的第三方，承担公钥体系中公钥的合法性检验的责任。

　　如果遇到对摘要进行签名所用的私钥不是签名者的私钥，这就表明信息的签名者不可信，也可能收到的信息根本就不是签名者发送的信息，信息在传输过程中已经遭到破坏或篡改。

　　CA 认证的作用：

　　保密性——只有收件人才能阅读信息。

　　认证性——确认信息发送者的身份。

　　完整性——信息在传递过程中不会被篡改。

　　不可抵赖性——发送者不能否认已发送的信息。

实训目的及要求 ✍

　　(1) 通过 CA 认证实验，理解 CA 认证的概念，对 CA 认证有一定感性认识。

　　(2) 通过学习了解各种安全证书的申领、安装和使用，使学生对电子商务的安全问题和相关技术有深刻的了解。

任务　CA 认证实验

一、CA 认证中心

　　所谓 CA(Certificate Authority)认证中心，它采用 PKI(Public Key Infrastructure，公开密

钥基础架构)技术专门提供网络身份认证服务。CA 可以是民间团体，也可以是政府机构。它负责签发和管理数字证书，是具有权威性和公正性的第三方信任机。它的作用就像我们现实生活中颁发证件的公司，如护照办理机构。目前国内的 CA 认证中心主要分为区域性 CA 认证中心和行业性 CA 认证中心。

图 2-1 所示为申请 CA 认证的流程。

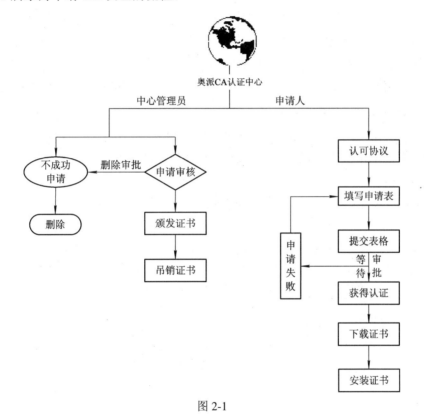

图 2-1

二、CA 证书申请

CA 证书申请过程：点击"CA 证书申请"按钮，填写注册信息，完成注册。

三、CA 证书下载

CA 证书下载过程：点击"CA 证书下载"按钮，点击"下载"，下载到本地计算机。

任务拓展

(1) 旗胜商贸公司是一家专门从事网络交易流程研发的高新技术企业，为了摆脱交易安全性的束缚，决定为其重要客户洪峰电子以企业名称"洪峰电子***"、主营行业"电子电工"免费申请一个 CA 数字证书，申请后，通过查看发送到电子邮箱中的 CA 证书号码和证书下载密码，帮助该公司把 CA 数字证书下载到本地。(请在电子商务师实验室中模拟完成该实验，*** 代表学号后 3 位，其他信息自定义。)

(2) 王志想给自己的企业 wang*** 公司申请一个 CA 证书，为此，他先在网上以用户名 wang*** 注册了一个电子邮件，并下载了登录电子邮件的 CA 证书。公司的安全证书注册完成后，王志用发到邮箱里的公司 CA 证书账号和密码下载了该 CA 证书。(请在电子商务师实验室中模拟完成该实验，*** 代表学号后 3 位，其他信息自定义。)

(3) CA 证书有什么作用？为什么要下载 CA 证书？

(4) SET 证书与 SSL 证书的差别是什么？

项目三　B2C 网上交易流程

B2C 是企业与消费者之间通过 Internet 进行商务活动的电子商务模式。在本项目中，我们为学生提供了一个电子商城网站，学生从申请入驻开设商店、网上模拟购物，到后台进销存管理，可以在一个完整的全真模拟环境内进行 B2C 商务等实际操作，从而了解网上商店的业务过程及其后台的运营、维护、管理等活动。B2C 包含用户和商户两种角色，学生可以用这两种身份模拟 B2C 电子商务活动。

本项目 B2C 模块功能包括商户入驻、用户注册、用户信息修改、商品搜索、浏览商品信息、在线购物、建立和维护商店、订单管理、商品管理、用户管理等。

实训目的及要求 ✎

(1) 掌握网上开店流程。

(2) 能够进行网上模拟购物。

(3) 能够对后台进行进货、销售和存储的管理。

任务一　商户入驻电子商城

商户是进驻电子商城、建立网上商店、为消费者提供网上购物服务的人。在消费者进行网上购物之前，商户需要申请入驻电子商城，开设网上商店，并初始化网上商店。商户在电子商城开设网上商店的流程(见图 3-1)如下：

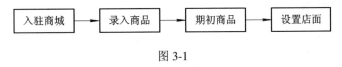

图 3-1

(1) 商户申请入驻商城。

(2) 商户登录商店管理后台，录入商品。

(3) 商户期初商品。

(4) 设置商店柜台。

(5) 开张营业。

一、商户入驻

电子商城以柜台租赁的方式提供空间给商户进行网上建店。商户入驻的过程就是在电子商城进行注册的过程。(注册前商户应在"电子银行"模块注册申请自己的 B2C 特约商户，详见"电子银行－B2C 特约商户"使用说明。)

商户入驻的操作步骤如下：

(1) 点击"B2C"首页，选择"商户登录"，进入商户登录页面。

(2) 点击"商户入驻"按钮，进入填写商户基本信息页面，如图 3-2 所示。

(3) 基本信息填写完毕后，点击"下一步"，入驻完成。

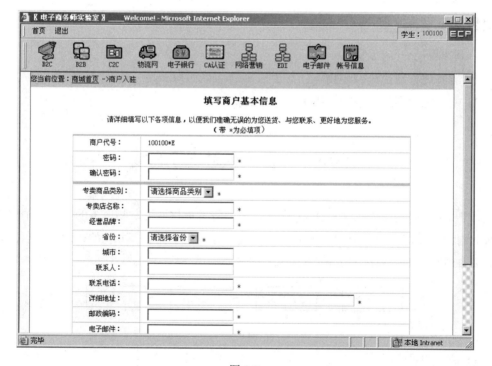

图 3-2

商户入驻电子商城后，电子商城就为商户开辟了一个专柜，供商户销售商品。商户销售商品前需要初始化商店的数据，如录入商品、期初商品以及设置店面。

录入商品，即添加和发布商品信息，具体操作详见任务二。

期初商品，即登记新添加的商品数量，进入库存，具体操作详见任务二。

设置店面，即设置商户的付款方式、送货方式、售后服务说明等，具体操作详见任务二。

二、B2C 前台购物网站

商户通过后台的管理功能将产品发布到前台后，消费者就可以通过电子商城的前台购物网站订购商品了。前台购物网站的功能包括：商品搜索、会员注册、我的资料、购物车、订单查询等。前台购物网站如图 3-3 所示。

图 3-3

B2C 前台购物流程(见图 3-4)如下：

(1) 消费者注册成为电子商城的会员。

(2) 消费者搜索商品。

(3) 消费者把选购的商品放入购物车。

(4) 消费者进入结算中心，通过电子支付结算账单。

(5) 购物完成，等待商家送货。

图 3-4

提示：

消费者购物前，需要到电子银行的个人网上银行开设账户，这样就可以通过电子支付结算账单了。

三、会员注册

消费者注册成为电子商城的会员后即可在任何一个柜台进行购物。会员注册流程如下：

(1) 点击"B2C"首页，选择"会员注册"，进入会员注册页面，如图 3-5 所示。

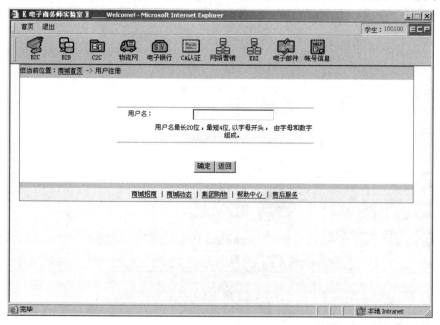

图 3-5

(2) 填写用户名，点击"确定"，进入用户基本信息页面。

(3) 填写用户基本信息，带"*"号的为必填项，填写完毕后，点击"下一步"，注册完成。

四、搜索商家

消费者在 B2C 商城首页可以根据商家名称进行搜索。

五、搜索商品

消费者在 B2C 商城首页可以根据商品分类和名称进行搜索，也可以进入商城地图进行搜索。

六、购买商品

消费者从销售柜台中选购产品，并放入购物车，如图 3-6 所示。

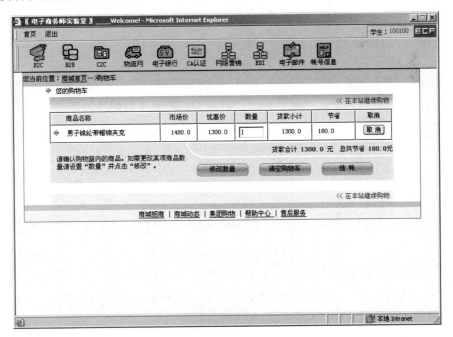

图 3-6

如果要继续购物，则点击购物车页面图 3-6 右上方的"在本站继续购物"；如果要修改商品数量，则填入数量，然后点击"修改数量"按钮；如果要删除购物车中的商品，则点击"取消"按钮；如果要清空购物车中的所有商品，则点击"清空购物车"按钮；确定购物后，点击"结账"按钮，进入结算中心。

七、结算订单

结算流程如下：

(1) 消费者在购物车页面点击"结账"后，进入结算中心登录页面。

(2) 填写"会员名"及"密码"，点击"进入结算中心"。

(3) 选择所要进行结算的订单，点击"进行结算"。

(4) 选择"送货方式"及"支付方式"后，点击"下一步"。

(5) 填入"收货人信息"，点击"下一步"，进入购买商品最后确定阶段。

(6) 确认各项订单信息后，点击"确认我的订单"。

(7) 完成订购，此时会显示本次购物的订单号，点击"进行网上支付"，进入网上支付流程。

🐝 提示：

结算时，如果同时购买了 2 家不同商户的商品，则需要根据不同的商户进行自动分单结算。

八、网上支付

消费者使用网上支付，需要在电子银行的个人网上银行开设账户。消费者可以有两种方式进行网上支付：一种是在订购完成后，立即点击"进行网上支付"；另一种是通过查询订单，在订单明细页面点击"网上支付"，进行网上支付。

进入网上支付页面后，消费者填写支付卡号(即银行账号)和支付密码，然后点击"提交"，即可完成网上支付。

九、订单查询

消费者可以通过"订单查询"功能来查询订单处理情况和历史订单。

订单查询流程如下：

(1) 在 B2C 购物网站首页点击"订单查询"。

(2) 输入已注册的"用户名"及"密码"并提交后，进入订单查询页面。

(3) 可以根据交易时间及订单号进行查询，并对未进行网上支付的交易进行网上支付。

(4) 消费者可以根据实际情况，对支付模式、配送模式和收货地址相同的订单进行合并申请，商店管理员确认后，支付模式、配送模式和收货地址相同的订单将合并成一个订单。

十、我的资料

消费者可以在"我的资料"中查看或修改个人信息，具体流程如下：

(1) 在 B2C 购物网站首页点击"我的资料"。

(2) 在用户登录页面输入用户名和密码，点击"提交"，进入用户资料修改页面。

(3) 对个人资料进行修改。

(4) 修改完资料后，点击"提交"，完成资料修改。

任务拓展

(1) 小周的兴趣爱好很丰富，想利用闲暇时间开个个人网店，为了开店准备，她先申请了一个 B2C 特约商户银行帐号，其用户名为"LILI***"，申请后并下载相应的 CA 证书。(*** 代表学号后 3 位，其他信息自定义。)

(2) 小王受一些购物网站的启发，决定开一家网上商店，商店名称为"王 *** 布艺店"。她精心选择了网店模板，设置了网店的 logo 和 banner 之后，发布了该网店。请到 B2C 模块模拟完成上述操作，所需银行账号自行申请，logo 和 banner 图片自定义。(*** 代表学号后 3 位，其他信息自定义。)

任务二　B2C 后台管理

B2C 后台管理是提供给商户对商店进行管理的"进销存"功能模块，其中包括的功能有商品管理、期初数据、采购管理、销售管理、库存管理、客户管理、商店管理、应收款明细、应付款明细、我的资料等。

B2C 后台管理的整体流程如图 3-7 所示。

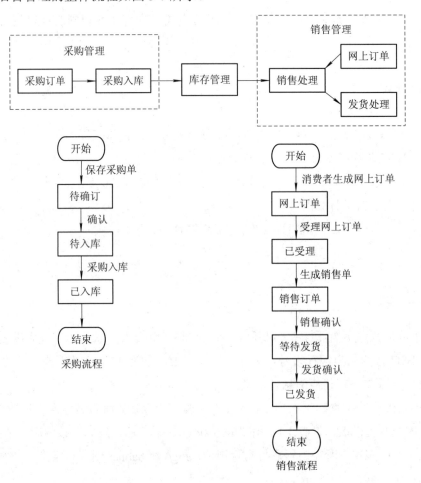

图 3-7

一、商品管理

商品管理用于发布商品到前台购物网站，以及维护商品基本信息，如图 3-8 所示。

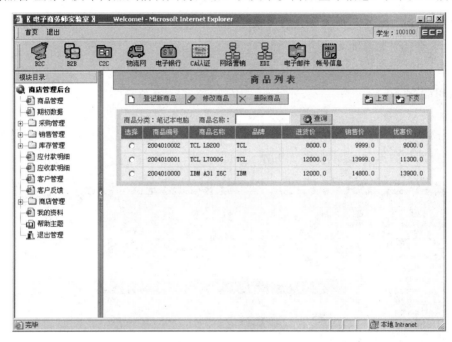

图 3-8

1．登记新商品

登记新商品用于添加新商品并发布到前台购物网站。操作流程如下：

(1) 点击"登记新商品"，进入商品添加页面。

(2) 内容填写完毕后确认，新商品即自动发布到 B2C 页面，完成新商品的添加。

2．修改商品

修改商品用于修改已发布商品的基本信息，包括商品介绍和价格调整。操作流程如下：

(1) 在商品列表中选择要修改的商品，然后点击"修改商品"。

(2) 在商品修改页面更新商品信息，然后点击"确认"，保存更新后的商品信息。

3．删除商品

删除商品用于删除已发布的商品。操作流程如下：

(1) 在商品列表中选择要删除的商品。

(2) 点击"删除商品",即可删除商品。

提示：

删除商品时，如果还有包含该商品未完成的销售订单或者采购单，系统将拒绝删除商品。建议不要轻易删除商品。

二、期初商品

期初商品是指商户在第一次营业前，把当前商品的数量登记入库，即初始化库存。

点击"期初数据"，显示如图 3-9 所示页面。

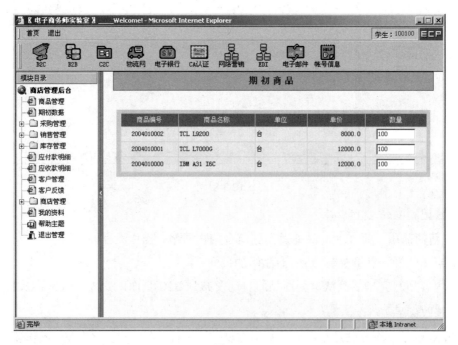

图 3-9

期初商品的操作流程如下：

(1) 在商品列表中输入商品数量，然后点击"保存"，保存修改。

(2) 当所有商品的数量输入并保存后，点击"记账"，系统自动将商品的数量登记入库，期初商品完成。

提示：

期初商品只需要做一次。

期初商品时，需要先保存商品期初数量，后期初记账。这样做是为了能多次输入商品期初数量，然后进行一次期初记账。

三、采购管理

采购管理用于采购商品，并把采购的商品登记入库。采购管理的功能包括采购订单、采购入库、单据结算和单据查询。

采购流程如下：B2C商户在缺货的情况下进行采购，先进入采购订单模块下订单，再对下的订单进行入库处理，然后对订单进行结算，完成整个采购流程。

采购管理路径：首页→商户登录→采购管理。

1. 采购订单

B2C商户在库存不足时提交采购订单，购入充足的商品以保障B2C交易的正常进行，如图3-10所示。

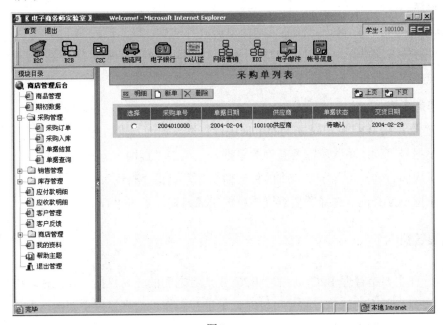

图 3-10

1）新单

(1) 进入"新单"的"增加商品"。

(2) 添加完需采购的商品后，点击"确定"。

(3) 进入"新建采购订单"页面，在此填写交货方式、结算方式、商品数量等各项相关信息后，点击"保存新单"。

2）明细

选择所要查看的单据，点击"明细"，在里面可以修改单据的基本内容；修改完毕后，点击"确定"。

3）删除

选择所要删除的单据，点击"删除"。

2．采购入库

采购入库主要是对 B2C 商户采购的商品进行入库管理。操作流程如下：

(1) 选择商品采购单，点击"明细"，进入"采购订单"页面。

(2) 点击"结算"，然后点击"采购入库"。

3．单据结算

单据结算是指 B2C 商户对商品采购的单据进行结算。操作流程如下：

(1) 选择产品采购单，点击"明细"，进入"采购订单"页面。

(2) 点击"结算"，完成此订单的结算。

4．单据查询

单据查询是指 B2C 商户对采购的单据进行查询。查询方式如下：

(1) 单据号查询：填入所需要查询的单据号，点击"查询"。

(2) 供应商查询：填入所要查询的供应商名称，点击"查询"。

(3) 单据日期查询：选择所要查询的单据生成日期，点击"查询"。

四、销售管理

销售管理主要是管理 B2C 商户与 B2C 采购者之间的交易单据，在此模块中可以看到采购者购买商品所下的订单，并且可以对订单进行操作。销售管理主要由网上订单、建议合并、订单合并、销售订单、发货处理、单据查询等模块组成。

销售流程如下：B2C 采购者前台购物下订单，B2C 商户在网上订单模块接受订单，然后对订单状态为"待处理"的订单进行处理，确认后，订单变为销售单；B2C 商户确认 B2C 采购者已经付款后，在销售订单模块中进行"结算"确认；经过结算确认的订单即可到发货处理模块中进行发货，完成与 B2C 采购者的交易。

销售管理路径：首页→商户登录→销售管理。

1．网上订单

B2C 采购者的采购订单在网上订单模块中处理。如图 3-11 所示，从中可以看到采购者的采购情况及基本信息。当 B2C 商户货源不足时，可以即时地对商品进行"生成采购单"操作。当"受理"此订单后，订单便进入"销售订单"中。

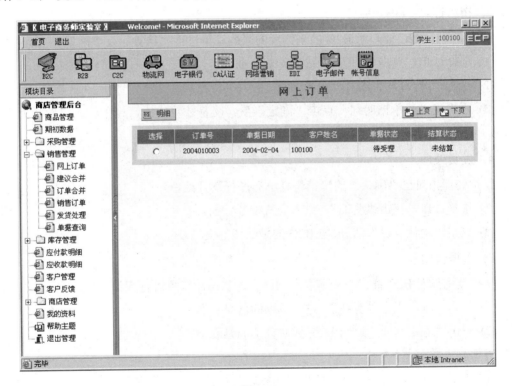

图 3-11

(1) 进入单据明细，如果库存不足，则点击"生成采购单"进行采购，补充库存。

(2) 进入"采购订单"页面，如不接受该订单，则点击"作废"；如接受该订单，则点击"受理"，便生成销售订单。

2. 建议合并

当 B2C 采购者在商品采购中连续购买商品，该采购者下了两个或两个以上的订单，支付模式和配送模式相同并且每个单据的交易状态都处于未发货时，作为商品或者网店的管理者可以通过后台管理将这些订单合并成一个订单，以节约管理成本。

(1) 商店管理员在建议合并中查看符合订单合并条件的订单，点击"建议合并"给采购者发送订单合并建议。

(2) 采购者在 B2C 首页订单查询中反馈订单合并意见。

(3) 如果采购者同意，则商店管理员在订单合并中对采购者同意的合并订单进行确认，形成一个订单，同时旧的订单被删除。

3. 销售订单

销售订单指 B2C 商户对 B2C 的采购者的采购订单进行"结算"及"确认"。

(1) 选择订单，点击"明细"，进入结算页面。

(2) 点击"结算"，完成对订单的结算。

(3) 再次进入此单据明细，点击"确定"后，交易才算完成，订单转入"发货处理"模块。

4. 发货处理

发货处理指对已"确认"的"销售订单"进行发货处理。

(1) 选择订单，点击"明细"，进入发货处理页面。

(2) 点击"确认发货"，完成与 B2C 的采购者的交易。

5. 单据查询

单据查询指对 B2C 商户与采购者之间的各种状态的订单进行查询。

(1) 选择订单，点击"明细"，进入单据的信息页面。

(2) 点击"确定"或"返回"，完成对订单的查看。

查询方式如下：

(1) "销售单号"查询：把销售单号填入括号内，点击"查询"。

(2) "客户名称"查询：把客户名称填入括号内，点击"查询"。

(3) "单据日期"查询：把单据生成日期填入括号内，点击"查询"。

五、库存管理

库存管理指 B2C 商户对仓库中的商品进行管理，主要由库存查询、预警设置、缺货查询、溢货查询等模块组成。

库存管理路径：首页→商户登录→库存管理。

1．库存查询

库存查询指对仓库的商品库存进行查询，如图 3-12 所示。

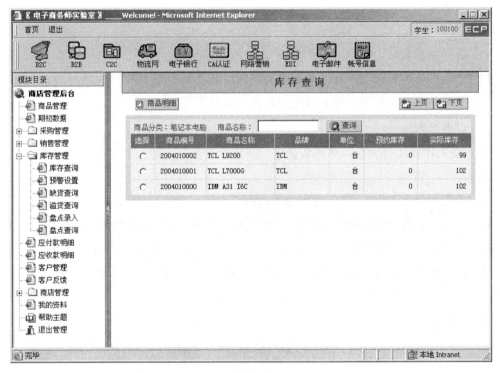

图 3-12

(1) 选择商品名称，点击"商品明细"，进入商品明细页面。

(2) "商品分类"查询：选择商品的类别，点击"查询"。

(3) "商品名称"查询：填入商品的名称，点击"查询"。

2．预警设置

预警设置指对仓库商品的库存量的上限及下限作预警设置，从而实现自动库存管理。

(1) 选择要设置的商品，点击"预警设置"，进入设置页面。

(2) 设置库存的上限及下限。

(3) 点击"确定"，完成对商品的预警设置。

3．缺货查询

缺货查询指对已缺商品进行查询。

(1) "商品分类"查询：选择商品的类别，点击"查询"。

(2) "商品名称"查询：填入商品的名称，点击"查询"。

4．溢货查询

溢货查询指对已高出饱和的商品进行查询。

(1) 选择商品名称，点击"商品明细"，进入商品明细页面。

(2) "商品分类"查询：选择商品的类别，点击"查询"。

(3) "商品名称"查询：填入商品的名称，点击"查询"。

5．盘点录入

盘点录入指对现有库存商品的数量进行清点，主要是实际商品库存数量与账面数量的核对工作。

(1) 点击"盘点录入"，进入盘点录入页面。

(2) 输入仓库商品实际盘点的数量、盘点人，选择盘点日期(提示：盘点日期不能大于当前日期)，点击"生成盘点表"。

(3) 检查输入的商品实盘数，点击"调整库存"，则完成盘点录入操作，此时库存数量调整为盘点数。

6．盘点查询

盘点查询指对盘点记录的查询。用户可以选择不同的时间查询盘点记录，也可以选择具体的盘点记录查询明细。

六、应付款明细

应付款明细主要是针对 B2C 的采购者下的订单作收款管理，从中可以对未发货的订单进行发货。

七、应收款明细

应收款明细主要是 B2C 商户在采购库存商品时的付款明细。

八、客户管理

客户管理路径：首页→商户登录→客户管理。

客户管理模块可以查看客户(B2C 的采购者)的基本信息明细，并且 B2C 商户也可以查看与客户的历史交易情况。

1. 客户明细

选择要查看的客户明细，点击"客户明细"，可以查到本商户的采购者的信息。

2. 查看交易历史

选择要查看的客户，点击"查看交易历史"，可以查看该采购者的交易情况。

九、商店管理

商店管理用于 B2C 商户对自己本商店的管理，主要由公司简介、配送说明、支付说明、售后服务等模块组成。

商店管理路径：首页→商户登录→商店管理。

1. 公司简介

公司简介用于编写本公司的简介。

(1) 点击"公司简介"，进入公司简介页面，可对公司简介进行修改。

(2) 修改完毕后，点击"修改"，完成对简介内容的修改。

2. 配送说明

配送说明主要说明各种配送的方法。

(1) 点击"配送说明"，进入配送说明页面，对送货方式、费用、时间、说明等均可进行修改。

(2) 修改完毕后，点击"提交设置"，完成对配送说明的修改。

3．支付说明

支付说明主要说明各种支付的方法。

(1) 点击"支付说明"，进入支付说明页面，可对发送给客户的信息进行修改。

(2) 修改完成后，点击"修改"，完成对支付说明的修改。

4．售后服务

售后服务主要说明本公司的售后服务宗旨。

(1) 点击"售后服务"，进入售后服务页面，可对售后服务说明进行修改。

(2) 修改完成后，点击"修改"，完成对售后服务的修改。

十、我的资料

采购者在"我的资料"中可修改自己的注册信息。

(1) 进入 B2C 平台，点击"我的资料"。

(2) 在用户登录页面输入用户名和密码，点击"提交"，进入用户资料修改页面。

(3) 修改完毕后，点击"提交"，完成资料修改。

任务拓展

(1) 华娟在一家数码公司做销售代理，为了拓展销售渠道，到网上银行申请成为特约商户并开了一家网上商店。详细信息如下：商店名称：HJ***；专卖商品类别：数码产品；专卖店名称：*** 数码；经营品牌：*** 方正。入住商城后，她分别对商店的模板、logo、banner 进行设置，然后发布该网店，并添加了一批新商品。商品名称：*** 笔记本电脑，进货价 3000 元，市场价 3500 元，优惠价 3200 元，期初商品记账为 100 台。开张第一天，就收到 zhang*** 订购 20 台笔记本电脑的订单，于是华娟按照订单要求将笔记本电脑发货给 zhang***。请在电子商务师实验室中模拟完成上述操作。(*** 代表学号后 3 位，其他信息自定义。)

(2) 开一家网上商店，网店名称为 ***shop，经营的商品为 ***product，期初商品库存为 100 件。为了随时监控库存数据，需对库存作预警设置：设置库存上限为 80 件，下限为 10 件，并查询溢货数量。请在电子商务师实验室模拟完成上述操作。(*** 代表学号后 3 位，其他信息自定义。)

项目四　C2C 网上交易流程

C2C 是指在消费者与消费者之间进行的电子商务。通过 Internet 为消费者提供的进行相互交易的环境——网上拍卖、在线竞价等，任何消费者都可以在其中发布自己的商品，同时也可以竞买其他用户的商品，如图 4-1 所示。

图 4-1

实训目的及要求 ✍

(1) 通过本模块的学习，让学生通过在网上拍卖过程中的实践操作，深刻了解 C2C 模式电子商务的内涵和本质，以及该种模式的前台业务流程及后台管理。

(2) 学生模拟身份：消费者。

(3) 具备功能：拍品搜索、物品拍卖、竞价购买、拍品发布、拍品管理等。

(4) 了解 C2C 是如何在网络环境中运作的。

(5) 了解 C2C 中各角色的功能。

(6) 了解 C2C 电子商务的基本流程。

任务　C2C 的实验程序

一、流程说明

学生可以在本模块拍卖与竞拍。

拍卖：学生填写身份后，就可以根据分类登记新商品进行拍卖；

竞拍：根据商品分类找到合适的商品，出价竞拍，价高者得。流程如图 4-2 所示。

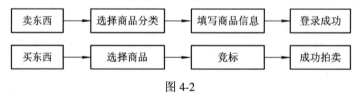

图 4-2

二、注册会员

买家和卖家在竞拍商品前，需要先注册成为 C2C 网站的会员。注册会员时，需要提供真实身份认证。

(1) 点击"免费注册"，进入用户填写页面。

(2) 按要求填写完毕后，点击"看过并同意服务条款，下一步"，注册完毕。

三、搜索商品

用户可以搜索所需要的商品，这里提供了分类、关键字(商品名称)两种搜索方式。

分类：选择要搜索商品的类型，点击"搜索"便完成。

关键字：填入所要搜索的商品名称，点击"搜索"便完成。

四、卖商品

只要注册成为了 C2C 的会员，卖家即可在此可以发布自己的商品，并且可以收到买家反馈来的信息，并给予回复。

注册并通过实名认证后，登录 C2C 网站，选择商品分类，如图 4-3 所示。

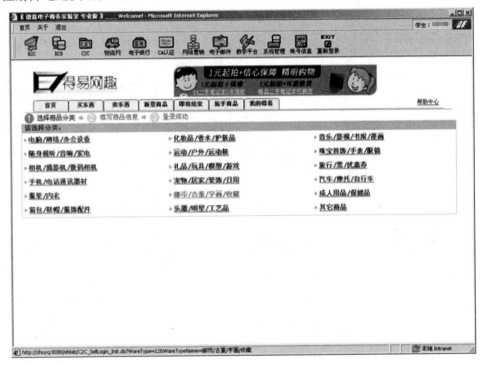

图 4-3

填写商品信息，包括商品名称、描述、数量、所在地、新旧程度；设定价格，包括起始价、底价；选择商品在线时间；确认交易联系方式；上传商品图片并填写附加支付、运货及保修信息。

提示：

在 C2C 模块中，系统时间 10 分钟相当于在线时间一天。

五、买商品

消费者可以在此采购自己喜欢的商品，在此过程中可以与其他消费者竞买商品也可以与供应者进行交易交流。

1. 寻找商品

寻找商品有两种方式：

(1) 关键字搜索：在任何页面的搜索框里，输入要查询的若干与商品有关的关键字，即能得到所有相关商品的列表。

(2) 商品分类：在首页的商品分类结构或者买东西页面的商品分类中逐层地往下找，如图 4-4 所示。

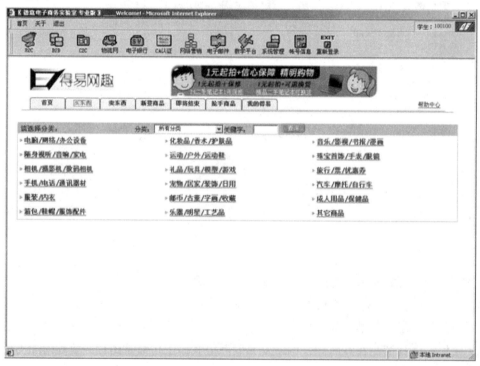

图 4-4

2. 竞标商品

点击所要购买的商品的"详细信息"按钮，便进入该商品的买卖页面，如图 4-5 所示。

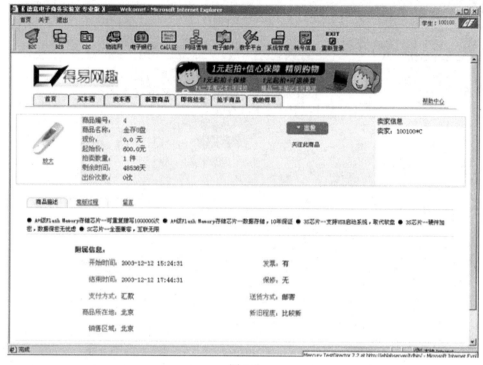

图 4-5

买卖页面包括 3 个模块：

1) 商品描述

商品描述是对该商品的交易情况及商品基本信息作简介。

2) 竞价过程

(1) 点击"竞价过程"，进入出价页面，如图 4-6 所示。

(2) 在出价框内填入比原始价高的价格，然后点击出价。

(3) 来到确定页面，如果肯定出价便点击"确定"，否则点击"取消出价"。

(4) 出现成功页面后，点击"返回"，出价信息便出现在竞标状态拦中，完成出价。

3) 留言

(1) 点击"留言"进入留言选择栏。

(2) 选择与您身份相符的状态按钮(此时您是买家)，点击"买家提问"。

(3) 在提问框中填入要向卖家提出的问题，点击"提交"。

(4) 返回留言页面，信息即出现在留言框中。

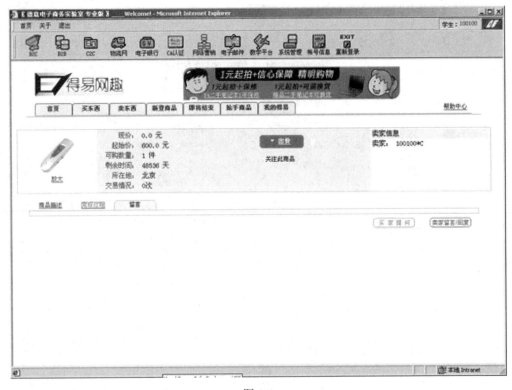

图 4-6

3. 网上成交

(1) 只设起始价：即无底价竞标卖法，起始价就等于底价，有买家竞标可成交。

(2) 起始价 + 底价：即有底价竞标卖法，底价设置应大等于起始价，当竞标结束时，如有买家出价达到底价，即告竞标成功。竞标成功的买家按购买数量、出价高低依次与卖家网上成交，价高者得到所需数量的商品。

六、新登商品

新登商品指用户当天在系统上新登录出售的商品。

七、抢手商品

抢手商品指所有竞标次数超过 20 的热门商品。

八、即将结束

即将结束指当天达到竞拍期限的商品。

九、我的得易

此模块可以查看 C2C 的所有买卖操作信息。主要包括作为买家的竞标中的商品、已买入的商品；作为卖家的出售中的商品、已结束的商品；用户设置：用户信息修改、注销用户等。

竞标中的商品：点击"竞标中的商品"便进入商品信息介绍，可以看到商品的最新价格。

已买入的商品：点击"已买入的商品"进入已购买商品目录中，可以看到商品信息。

出售中的商品：点击"出售中的商品"，进入正在出售的商品，点击商品后，可以看到最新的竞价最高的价格。

已结束的商品：点击"已结束的商品"，进入已结束商品目录。

用户信息修改：点击"用户信息修改"，进入用户信息修改页面，修改后，点击"确定"完成修改。

注销用户：点击"注销用户"，进入确定页面，点击"确定"后，用户名被删除，无法再使用该用户进行登录。

任务拓展

(1) 晶晶喜欢收集连环画，这次她将一部名为《真假美猴王》的连环画放在网上拍卖。设置商品在线时间为 3 天，起始价为 10 元，底价为 30 元，拍卖当天就有一位叫 wang*** 的网友以 35 元的价格成功拍得。请在电子商务师实验室中模拟完成该实验。(*** 代表学号后 3 位，其他信息自定义。)

(2) 小张喜欢集邮，这次他将一套名为《中国瓷器》的邮票放在网上拍卖，设置商品名称为"邮票***"，在线时间为 7 天，起始价为 1000 元，底价为 5000 元。小李见到这套邮票非常喜欢，迫不及待地以 5100 元的价格拍得该套邮票。请在电子商务师实验室中模拟完成该实验。(小张注册为 zhang***，小李注册为 li***，*** 代表学号后 3 位，其他信息自定义。)

(3) 译文快要毕业了，整理出好多用过的物品，其中有一台爱华***电子词典(8 成新)，欲通过网络出售这个词典(在 C2C 商城中放入随身视听/音响/家电)，起拍价为 80 元，底价为 90 元，商品在线时间为 5 天。琳娜是名学生，正想购买一台电子词典，于是出价 100 元，最后双方就以这个价格成交了。请在电子商务师实验室中模拟完成该实验。(*** 代表学号后 3 位，其他信息自定义。)

(4) 薇薇有一张 100 元面值的网上学习卡，因为没有时间听课，想把它放到网上拍卖。设置拍卖商品名称为"神州人力资源管理师网校学习卡***"，起拍价为 100 元，底价为 180 元，商品在线 5 天。一位网友见到这张卡后迅速以 181 元的价格成功拍到该学习卡，并对卖方信誉作出评价。请在电子商务师实验室中模拟完成该实验。(*** 代表学号后 3 位，其他信息自定义。)

(5) 晓冉有一瓶收藏了多年的香奈儿香水想在网上拍卖，请将该商品登记到"化妆品/香水/护品"目录下，设置商品名称为"香奈儿***香水"，起拍价为 1000 元，底价为 3000 元，商品在线 4 天。一位网友见到这瓶香水后非常喜欢，迅速以 3500 的价格成功拍到这瓶香水。请在电子商务师实验室中模拟完成该实验。(*** 代表学号后 3 位，其他信息自定义。)

(6) 请到电子商务师实验室中模拟完成以下操作：将一款全新的录音笔放在网上拍卖，设置拍卖商品名称为"***录音笔"，起拍价为 50 元，底价为 400 元，商品在线 3 天。一位网友见到这款商品后迅速以 405 元的价格成功拍到这款录音笔。请在电子商务师实验室中模拟完成该实验。(*** 代表学号后 3 位，其他信息自定义。)

(7) 刘芳喜欢收集各种明信片，经常在网上进行交易，这次她准备把一套全新的长城明信片拿出来拍卖，名为"长城***明信片"，起拍价为 15 元，在线 10 天，最后这套明信片被一位顾客以 50 元的价格拍得。请在电子商务师实验室中模拟完成该实验。(*** 代表学号后 3 位，其他信息自定义。)

(8) 李某收集了各式各样的古董相机，并经常拿来在网上进行二手交易，这次他准备把一部莱卡 M3 德国相机拿出来拍卖，起拍价为 10 000 元，每次增额必须大于 500 元，最后这部相机是被账号为"photo***"的顾客以 12 500 元的价格拍得。(提示：李某的 C2C 商城的账号为 lj***，添加拍卖产品前先添加一级目录"照相器材"，以及在此目录下的二级目录"古董相机"，拍卖产品的详细信息可酌情自拟。请在电子商务师实验室中模拟完成该实验。(*** 代表学号后 3 位，其他信息自定义。)

项目五　B2B 网上交易流程

B2B 电子商务是企业与企业之间经过 Internet 进行的商务活动。该模块提供了企业相互之间的交易服务平台，学生们通过对 B2B 交易平台的操作，可以熟悉并了解 B2B 电子商务主要的业务流程及 B2B 电子商务的后台管理活动。

学生可以以供应商、采购商两种身份模拟 B2B 电子商务活动。

B2B 模块功能：企业产品发布、产品查询及产品维护、网上签约购买、在线购买、货款支付、订单交易、企业数据维护、客户管理等。

实训目的及要求 ✍

(1) 理解 B2B 电子商务的基本流程。

(2) 理解电子商务的信息流、资金流、物流和安全性。

(3) 了解 B2B 电子商务中各角色的功能。

(4) 掌握 B2B 电子商务的基本操作。

任务一　B2B 交易平台

电子交易平台是供应商、采购商交易的场所，供应商和采购商首先要在电子交易平台上注册，才能进行 B2B 交易。供应商在交易平台发布商品，采购商在交易平台采购商品同时可以申请成为特约商户，这样采购商能获得更好的价格，如图 5-1 所示。

一、流程说明

学生可以通过注册不同身份，担任采购商或者供应商的角色。采购商在前台购买商品，订单就会出现在相应的供应商的订单处理列表中；供应商处理订单后，交给采购商确认；

经过二次确认的订单就可以生成销售单。同时，销售单生成后，供应商派物流商把货物送到采购商；采购商可以在适当的情况下，结清货款。

图 5-1

整个流程如图 5-2 所示。

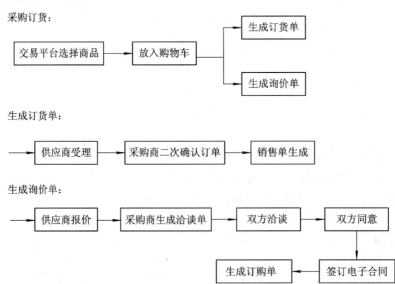

图 5-2

二、会员注册

为了电子商务交易的安全性，每个角色(供应商或采购商)在进行操作前都要先申请 CA 数字证书。本实验室软件为方便操作，在企业用户注册时，自动完成证书申请；学生只需要在注册完成后，根据系统发到电子信箱中的证书编号和下载密码将 CA 证书下载到本地，便可以在登录供应商(采购商)时成功地通过身份验证。

会员注册流程如下：

(1) 客户点击 B2B 首页，选择"注册会员"登录电子交易平台会员注册页面，如图 5-3 所示。

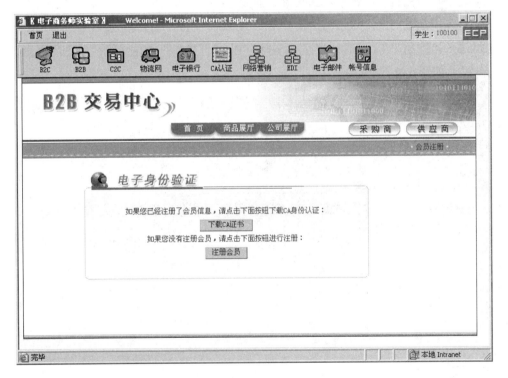

图 5-3

(2) 填写注册资料并提交申请。

(3) 系统自动审核资料，同意注册。

(4) 注册流程结束。系统给出 CA 证书编号和密码，同时把 CA 证书编号和下载密码发往注册时所留的电子信箱。

下载 CA 证书流程如下：

(1) 登录后验证身份，点击"下载 CA 证书"，如图 5-3 所示。

(2) 输入 CA 证书编号和下载密码，完成下载。

三、购物车

购物者可以通过购物车来查看、更改、删除当前所购买的商品，同时生成订货单、询价单。方法如下：

(1) 通过页面浏览查看价格，选择合适的商品。

(2) 进入产品采购区，点击您所需要购买的商品，将购买的商品放入购物车。

(3) 进入"购物车"，此时您有四种选择："生成订货单"、"生成询价单"、"重新计价"和"删除"，如图 5-4 所示。

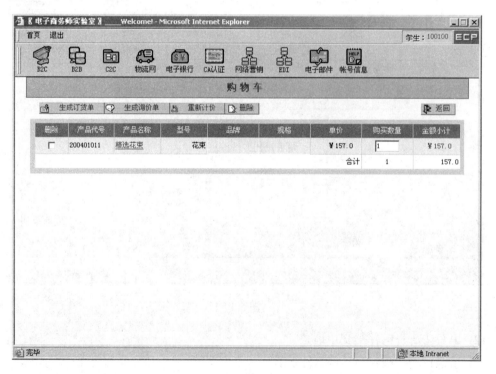

图 5-4

1．生成订货单

(1) 确定所要采购的商品，点击"生成订货单"。

(2) 进入订货单页面，如图5-5所示，选择支付方式和交货日期，点击"确定"，即生成"订货单"。

图5-5

2．生成询价单

(1) 选定所要询价的商品，点击"生成询价单"。

(2) 进入询价单页面，如图5-6所示，填写询价内容，点击"生成询价单"。

3．重新计价

填写单据里的"购买数量"，点击"重新计价"完成计价过程。

4．删除

选择想要删除的单据，点击"删除"，单据删除完成。

图 5-6

四、申请签约商户

所谓签约商户,是指采购商与供应商签订了长期销售合约的一种合作伙伴身份。签约商户用于电子交易平台的订单交易方式。

采购商为了能获得更好的折扣率和更长的付款期限,可以向供应商申请成为签约商户,供应商根据以往的付款历史记录,给出相应的折扣和信誉额度。

采购商申请成为供应商的签约商户后,供应商将会根据采购商的业务量,给予采购商比较优惠的价格。

签约商户的管理包括签约商户申请和签约商户的资料维护。

1. 申请签约商户流程

(1) 学生以采购商身份登录,在首页中进入产品采购区,如图 5-7 所示。采购商想与哪个供应商签约，就选择相应的供应商的产品，进入该产品采购区。

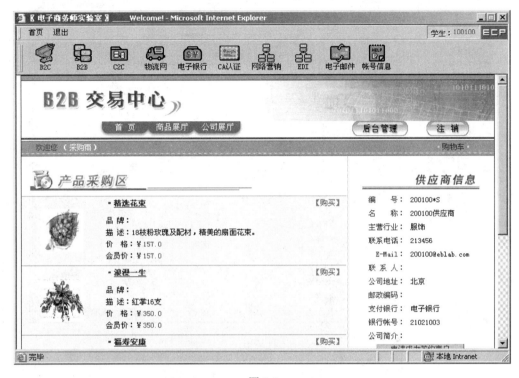

图 5-7

(2) 点击"申请成为签约商户"按钮，系统进入签订协议页面，采购商选择"同意"。

(3) 系统提示"您的申请材料已经提交成功，请等待供方审批"。

(4) 供应商进入后台管理/客户管理，选择需要签约的采购商，点击"客户明细"，如图5-8所示。供应商为采购商选择信誉等级和信誉额度，点击"确定"完成签约过程。

(5) 当采购商与供应商签约成功后，采购商可以享受供应商给的会员价格。

2．信誉额度

信誉额度又称信用限额，是指银行授予其客户一定金额的信用限度，在规定的一段时间内，企业可以循环使用额度范围内的金额。例如，某企业申请到一年出口押汇额度 200万美元的信誉额度，该企业使用 5 次，可使用金额 1000 万美元（手续只需办理一次），使用 10 次的话，可使用金额 2000 万美元，这样既解决了企业短期资金周转困难，提高企业资金流通速度，又提高了企业资金使用效率。

图 5-8

(1) 天阳公司是一家毛衣生产企业，为了能够充分利用各种渠道扩大生产项目，天阳公司决定成立一个电子商务部门。你作为该部门的主管，首先以企业名称"天阳***"、主营行业"服务"、初始资金"5000 元"，注册了一个"供应商"类型的用户，便于日后网上交易。同时，又以相同的内容注册开通了网上银行账户，便于交易使用。用户注册后，把公司主打产品职业套服 *** 以 400/套的价格发布到网上，供广大采购商选择采购。请在电子商务师实验室模拟完成以上操作。(*** 代表学号后 3 位，其他信息自定义。)

(2) 风华公司作为 B2B 业务的供应商，生产汽车配件。为扩大销售，公司决定将其产品风华*** 配件放到网上销售，价格为 100 元/件。请在电子商务师实验室模拟完成以上操作。(*** 代表学号后 3 位，其他信息自定义。)

(3) 联星***公司主营化妆品。为顺应市场的需要,该公司推出了一款新的产品类别"植物系列***",产品名称为"植物洗面奶***"(价格为 110 元,其他相关必填属性请自拟)。 安雅***公司对此化妆品十分感兴趣,通过在第三方 B2B 平台上询价、报价和洽谈,双方签订了交易 1000 个植物洗面奶 *** 的电子合同,为安全起见,在商品交易过程中,双方均使用 CA 认证。请在电子商务师实验室模拟完成以上操作。(*** 代表学号后 3 位,其他信息自定义。)

任务二　采购商后台管理

采购商进入首页\采购商\采购商身份验证\采购商后台管理,如图 5-9 所示。采购商可在此对自己的采购进行跟踪管理,并在此与供应商进行交易对话。采购商后台管理为采购商提供了一个方便、快捷的管理平台,包括订单处理、订单查询、订单结算、应付款查询、网上洽谈、电子合同、我的资料等模块。

图 5-9

一、订单处理

"订单处理"页面如图 5-10 所示。

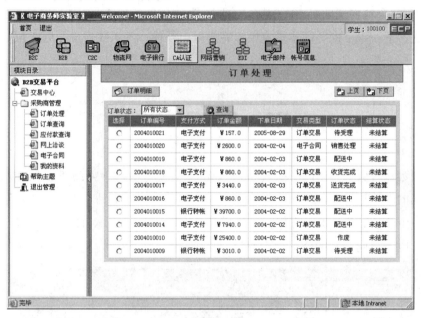

图 5-10

采购商在该模块对订单进行二次确认和收货确认。

订购单是采购商在购物车中点击"生成订货单"方式生成的单据。

处理流程如下：

(1) 采购商进入首页\采购商\采购商身份验证\采购商后台管理\订单管理页面，查询未受理订购单。

(2) 如果供应商拒绝受理订购单，则撤销订购单，订单状态变为"作废"；如果供应商同意受理订购单，则订单变为"待二次确认"，等待采购商二次确认。

(3) 采购商进入订单管理页面，查阅"待二次确认"的订购单。

(4) 采购商选择单据状态为"待二次确认"的订单，点击"订单明细"，对该订单进行"确认"，单据状态变为"销售处理"；如果不想购买，则选择"订单撤销"单据，订单状态变为"作废"。

(5) 系统收到已确认的订购单后，自动在供应商进入首页\供应商\供应商身份验证\供应商后台管理\供应商订单处理中生成销售单。

(6) 待受理：采购商在前台交易平台采购商品生成订单后，订单状态为待受理。

待二次确认：

(1) 选择待二次确认的订单，点击"订单明细"。

(2) 进入订单明细，在此进行订单确认，只要点击"订单确认"即可。

作废：采购商发出的"待受理"订单，供应商不受理，点击了"撤销"，该订单状态变为"作废"。

送货完成：

(1) 选择送货完成的订单，点击"订单明细"。

(2) 进入明细，在此确认送货完成，只要点击"收货确认"便完成操作。

二、订单查询

采购商进入首页\采购商\采购商身份验证\采购商后台管理\订单查询，采购商可以在此处查询所要查询的各种单据，包括订单编号、订单状态、结算方式、结算状态、单据日期等，如图 5-11 所示。

图 5-11

在相应的位置填写或选择所要查询的内容，点击"查询"，单据查询出来后，选择要查看的单据，点击"订单明细"，便可查看单据的明细。

三、应付款查询

采购商进入首页\采购商\采购商身份验证\采购商后台管理\应付款查询，页面如图 5-12 所示。本模块记录了采购商与各商家之间的资金流动情况，同时采购商可以在此对所有单据进行结算。

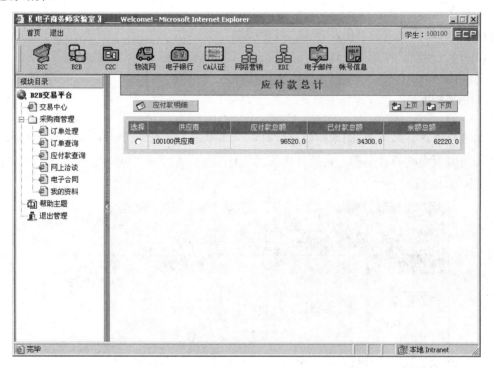

图 5-12

1. 应付款查询

(1) 选择您要查询的供应商，点击"应付款明细"。

(2) 选择您要查看的时期，点击"查询"。

2. 结算

目前结算方式有 2 种，一种是电子支付，另一种是银行转账。

1) 电子支付

(1) 点击应付款查询，进入应付款总计，如图 5-12 所示，选择供应商，点击"应付款明细"，进入应付款明细页面。

(2) 选择需要查看的订单，点击"订单明细"。

(3) 审核订单后，点击"订单结算"。系统弹出身份验证框，如图 5-13 所示。

图 5-13

(4) 采购商选择正确的 CA 证书号码，电子银行检查采购商的 CA 证书，如果正确，系统将采购商的订单信息(商户代码、订单号、交易金额)发送给电子银行，并转移到电子银行的电子支付页面，填写支付密码，点击"确定"。

(5) 银行接收支付信息，如果转账成功，反馈支付成功信息给用户。

2) 银行转账

(1) 登录电子银行，进行转账处理。

(2) 进入首页\采购商\采购商身份验证\采购商后台管理\应付款查询\订单明细，选择需要结算的支付方式为"银行转账"的订单，点击"订单明细"进入。

(3) 审核订单后,点击"订单结算",系统自动发结算信息给相应的供应商。

(4) 供应商收到结算信息后,对该订单进行收款确认。

四、网上洽谈

采购商(供应商)进入首页\采购商(供应商)\采购商(供应商)身份验证\采购商(供应商)后台管理\网上洽谈,网上洽谈方式是一种通过网上洽谈来商定交易价格、签订电子合同的交易方式。

流程如下:

(1) 采购商在购物车中生成询价单,如图5-6所示,询价单状态为"询价"。

(2) 供应商进入网上洽谈,如图5-14所示,选择单据状态为"询价"的询价单。

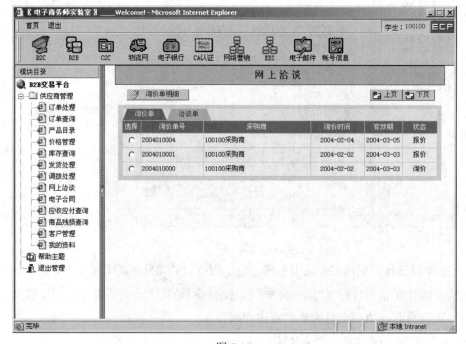

图 5-14

(3) 供应商根据情况报出合理的价格,点击"提交","询价单"状态变为"报价"。

(4) 采购商进入网上洽谈,点击询价单状态为"报价"的订单,点击"生成洽谈单"。

(5) 洽谈单生成后,采购商选择"双方不同意"的洽谈单,点击"洽谈单明细"按钮,进入洽谈单页面,如图5-15所示。

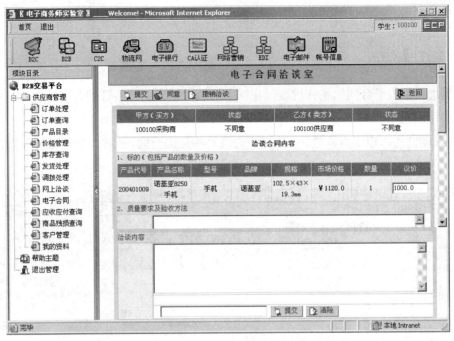

图 5-15

(6) 采购商进入网上洽谈，点击洽谈单页面，选择需要洽谈的单据，在电子合同洽谈室里与相应的供应商进行洽谈，填写洽谈内容，然后点击"提交"。

(7) 供应商进入网上洽谈，点击洽谈单页面，选择相应的洽谈单据，在电子合同洽谈室里与采购商进行洽谈，填写洽谈内容，确定质量要求、检验方法，确定交货地点、付款方式等然后"提交"。(注意，只要其中一方已经同意，则合同内容就不能更改。)

(8) 洽谈完成后，双方达成一致协议，由其中任何一方填写洽谈内容，填写完合同信息后，点击"提交"按钮，把洽谈内容提交。其中一方看完有关合同信息后，对洽谈内容表示同意，点击"同意"按钮，洽谈状态显示一方同意；另一方看过洽谈内容后，点击"同意"按钮，洽谈合同状态显示"双方同意"。

(9) 完成洽谈过程，生成待签订的"电子合同"。

询价单：选择单据，点击"询价单明细"，填入询问事宜，"确认"询价单，等待对方报价。

洽谈单：选择单据，点击"洽谈单明细"，在洽谈页面有两种操作，一是洽谈、二是提交电子合同。

洽谈：在填写框中填写与供应商的洽谈内容，填写完毕后，点击"提交"完成。

五、电子合同

本模块模拟电子合同的签订过程。在网上洽谈中生成的待签订的合同，在本模块进行签订。签订流程如下：

(1) 采购商进入电子合同模块，选择甲方没有签订的合同，点击"合同明细"，如图 5-16 所示。

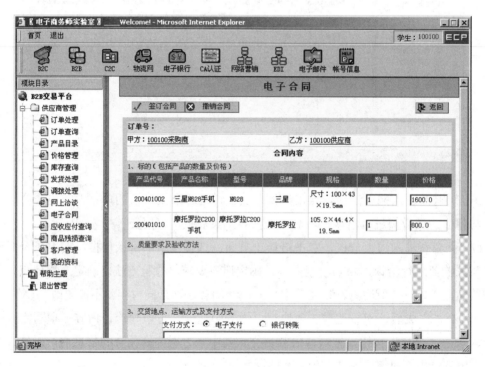

图 5-16

(2) 进入合同明细，点击"签订合同"，完成采购商合同签订。

六、招标管理

本模块模拟网上招标采购过程。采购商在后台可以设置公开招标，按照系统预先设计好的招标书的格式进行招标书的发布。供应商投标，投标成功后，双方签订合同，形成采购单，并进入到 B2B 销售单的处理流程中，实现后继的销售及配送的全过程。流程如下：

(1) 采购商新建招标项目，填写招标须知等信息，如图 5-17 所示。

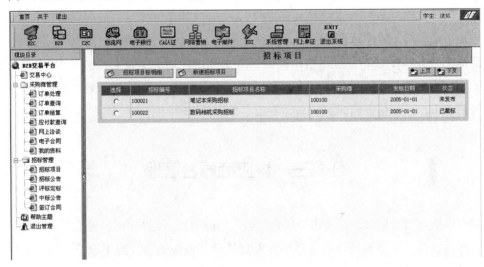

图 5-17

(2) 采购商发布招标公告。

(3) 供应商下载提交标书后，采购商组织评定标书，确定中标单位。

(4) 采购商发布中标公告，通知中标单位。

(5) 招标采购商与中标供应商就标书内容生成合同，生成采购订单。

任务拓展

(1) 陈虎公司是一家私营企业，生产开关，其产品名称为***开关，售价为每个 25 元。富仁公司是一家电器经销商，经过市场调查，获悉陈虎公司生产的开关质量可靠，价格便宜，销路很好。为了得到较低的折扣，富仁公司向陈虎公司申请成为签约商户并向其发出订购 2000 个的询价单，并提出每个价格为 21 元。陈虎公司见到富仁公司的询价单后，立即进行报价，并考虑到富仁公司采购量较大，同意以 23 元的优惠价格出售。双方经过网上治谈，富仁公司最终以每个 22 元的价格买下 2000 个，并签订交易合同。随即，富仁公司从网上银行支付货款，陈虎公司查询到货款到账后，也随即发出发货单。请在电子商务师实验室模拟完成以上操作流程。(陈虎公司注册为陈虎***，富仁公司注册为富仁***，***

代表学号后 3 位，其他信息自定义。)

(2) L 公司是一家空调生产商，企业名称为 L***，其产品为***空调。W 公司是一家物流公司，企业名称为 W***，该物流公司拥有 2 个仓库和 2 辆卡车。根据现有资金状况，W 公司增加了面积为 100 平米和 150 平米的两个仓库。L 公司为了顺利开展业务，特向 W 公司申请物流服务。W 公司经过审核，批准了 L 公司的申请。于是 L 公司让 W 公司往仓库里发了 200 台空调，及时补充了库存。请在电子商务师实验室模拟完成上述操作。(*** 代表学号后 3 位，其他信息自定义。)

任务三　供应商后台管理

学生以供应商身份登录，点击"后台管理"，在后台管理界面可以进行订单处理、订单查询、产品目录、价格管理、库存查询、发货处理、调拨处理、网上洽谈、电子合同、应付应收查询、商品残损查询、客户管理和我的资料操作，如图 5-18 所示。

图 5-18

一、订单处理

供应商在此处理采购商的采购订单。对"待受理"的订单进行受理，对经过采购商"二次确认"的订单，通过生成配送单的方式，交给物流商进行配送处理。

订单处理过程如下：

(1) 供应商点击"订单处理"模块，选择"待受理"的订单，供应商点击"订单明细"，对采购商下的订单进行"订单受理"。

(2) 订单受理后，订单状态变为"待二次确认"，等待采购商二次确认，如图 5-19 所示。

图 5-19

(3) 经过采购商二次确认后的订购单，单据状态变为"销售处理"，订购单变成销售单。

(4) 供应商点击该销售单明细，生成配送单，向物流商请求配送。

待受理：采购商从购物车发出订单，等待供应商处理的订单。

销售处理：经过采购商二次确认的可以进行配送处理的订单。

订单撤销：采购单无效，供应商点击"订单撤销"，订单作废。

查询信誉记录：供应商在进行订单处理的同时，可以对该采购商过去的信誉情况进行查询，如果该采购商提前付款，其信誉记录 + 1；如果逾期付款，则信誉记录 − 1。

二、订单查询

同任务二的"二、订单查询"。

三、产品目录

点击供应商/后台管理/产品目录，如图 5-20 所示。在此模块中供应商新增产品目录信息和修改商品信息，并把商品发布到电子交易平台上，及时更新，供采购商查询和选购。

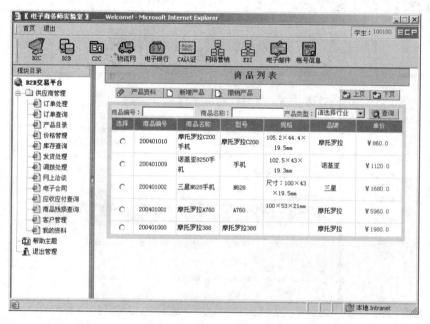

图 5-20

该模块包括 3 个子模块：

(1) 产品资料：选择要修改的产品，点击"产品资料"按钮，对已经发布的商品进行修改。

(2) 新增产品：在网站上发布新的商品信息，填写商品信息，上传图片，点击保存，完成商品添加。

(3) 撤销产品：删除已经发布的产品信息。

四、价格管理

价格管理的信誉价格指的是采购商在一定的采购数量范围内，获得的比市场价格更加优惠的价格。供应商只需要定义每个信誉等级的信誉价格和商品最少购买量。采购商的信誉等级在供应商的客户管理中设置。

价格管理过程如下：

(1) 点击供应商/后台管理/价格管理，如图 5-21 所示，供应商在此模块中设置商品信誉价格。

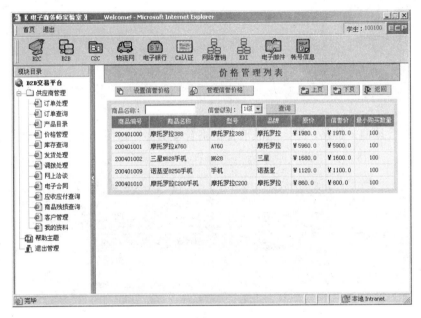

图 5-21

(2) 点击设置信誉价格，进入商品信誉价格设置页面，如图 5-22 所示。选择信誉级别，填写商品的信誉价格及最小购买数量后点击保存。

提示：

设置信誉价格时所列出的商品信息是未经设置该信誉等级价格的商品信息。已设置了信誉价格的商品信息只能在信誉价格管理页面中显示。点击保存时只保存当前页的信誉价格设置信息。

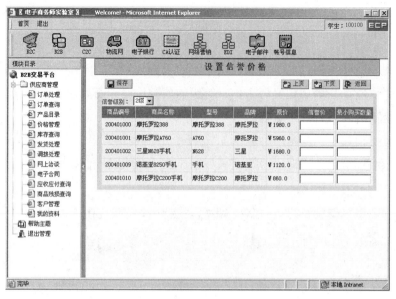

图 5-22

(3) 点击管理信誉价格，进入商品信誉价格管理页面，如图 5-23 所示。选择信誉级别，修改商品的信誉价格及最小购买数量后点击保存。

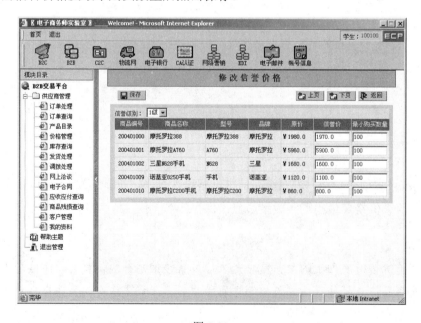

图 5-23

五、库存查询

点击后台管理/库存查询，可以根据配送商、存储仓库、商品类别、商品编号、商品名称查询现有产品在各个仓库的库存数量，如图5-24所示。

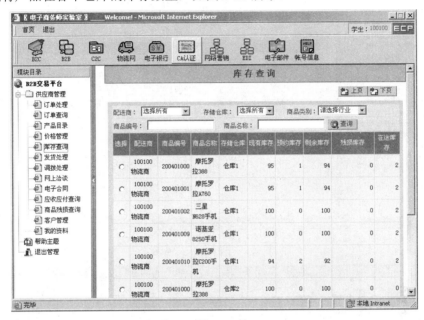

图 5-24

六、发货处理

将供应商已有商品发送给物流商，以添加物流商的现有库存。处理流程如下：

(1) 进入"发货处理"模块，如图5-25，点击"新建发货单"。

(2) 进入新建发货单页面后，点击"选择发货商品"，在如图5-26所示的选择发货商品页面中，勾选需要发货的商品，点击"确认选择"。

(3) 系统确认后返回"新建发货单"页面，填写发货数量，选择收货方和收货仓库，点击"确定"，完成发货。

提示：

此时单据状态为"未入库"，供应商要等物流商确认入库后，才完成发货处理流程。

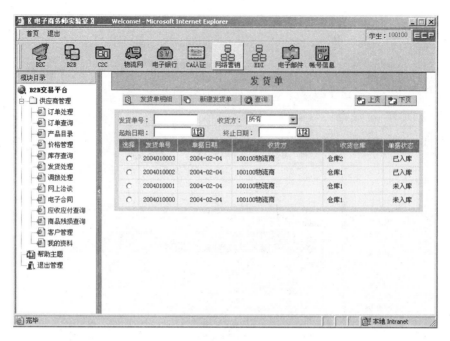

图 5-25

图 5-26

七、调拨处理

仓库之间可以通过商品调拨来实现商品的转移。

调拨流程如下：

(1) 供应商进入后台管理，点击"调拨处理"，进入"调拨单列表"页面。

(2) 点击"新建调拨单"按钮，进入"选择库存商品"页面，如图 5-27 所示。

图 5-27

(3) 点击选择配送商，再点击选择调出仓库，系统列出调出仓库的商品，点击选择需要调拨的库存商品后，点击"生成调拨单"。

(4) 填入调拨数量，选择调入仓库，点击"确定"，完成调拨。

提示：

此时单据状态为"待处理"，待物流商对该调拨单进行入库处理后，调拨单的状态就会变为"调拨完成"，完成调拨过程。

八、网上洽谈

供应商在该模块与采购商进行网上洽谈。供应商进入首页\供应商\供应商身份验证\供应商后台管理\网上洽谈，其操作同采购商网上洽谈，见任务二的"四、网上洽谈"。

九、电子合同

供应商在该模块与采购商签订网上合同，其操作同采购商电子合同，见任务二的"五、电子合同"。

十、应收应付查询

应收应付账记录了商家之间的资金流动情况。一般来说，生成订单的同时就生成应收应付记录。同时在本模块可以进行应付款项目的结算工作。

供应商点击后台管理/应收应付查询，如图 5-28 所示。

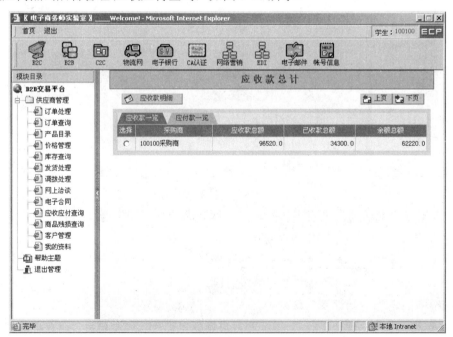

图 5-28

1. 应收款查询

供应商的应收账在销售订单生成的同时建立应收款。

(1) 点击应收应付查询,选择应收款。

(2) 选择需要查看的采购商,点击应收款明细,可以查看该采购商应收款。

2. 应付款查询

供应商的应付款在物流商受理配送单时被建立。

(1) 点击应收应付查询,选择应付款。

(2) 选择要查看的物流商,点击应付款明细,查看应付款的情况。

(3) 选择相应的配送单,点击配送单明细,查看配送单。

3. 配送单结算

(1) 先进行应付款查询,查询需要付款的配送单,如图5-29所示。

图5-29

(2) 根据配送单明细记录的款项,去电子银行转账。

(3) 在应付款明细中选择已经转账的配送单,点击"配送单明细",进入"配送单明细",如图5-30所示。

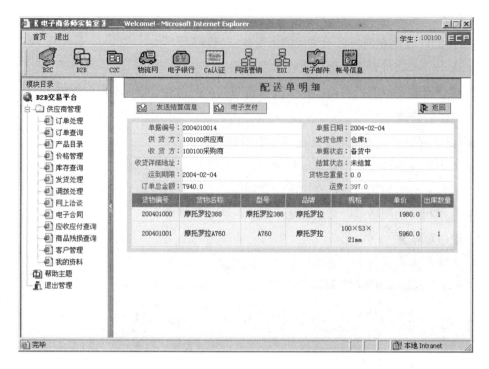

图 5-30

(4) 进入该配送单，发送结算信息，完成配送单结算。

十一、客户管理

供应商的客户管理对象是采购商和物流商。

采购商客户管理：点击供应商后台管理/客户管理，选择供应商页面。

签约商户管理：采购商前台申请签约后，供应商在客户管理中对采购商的折扣和信誉额度进行修改，也可以对该采购商的客户资料进行查询。

物流商客户管理：主要是物流商的资料查询。点击供应商后台管理/客户管理，选择物流商页面，就可以查询物流商客户了。

十二、投标管理

本模块模拟供应商参加采购商的投标管理过程。供应商可以查看采购商发出的招标书，供应商填写完成后，进行投标；投标成功后双方签订合同，形成采购单，并进入到 B2B 销售单的处理流程中，实现后继的销售及配送的全过程。流程如下：

(1) 供应商查看招标公告，下载标书，如图 5-31 所示。

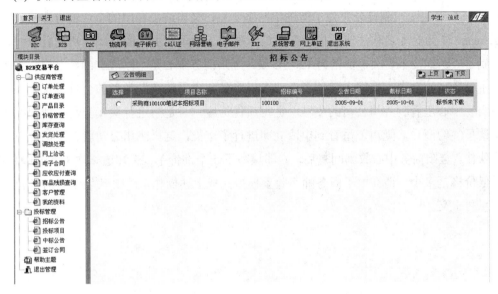

图 5-31

(2) 供应商查看招标书，填写投标书，提交投标书竞标。

(3) 供应商查看中标公告，如果中标，双方签订合同，生成销售单。

任务拓展

(1) YM 公司想通过网上招标采购一批空调(公司注册名为 YM***)，于是新建招标项目，在网上发布招标公告。L 公司是一家空调生产商，企业名称为 L***，其产品为 *** 空调。L 公司看到 YM 公司的招标公告后，立即制作了项目投标书。到了招标截止日，YM 公司组织专家对供应商提交的标书进行评定，最终宣布 L 公司为中标单位并与该公司签定了采购 100 台空调的合同。请在电子商务师实验室模拟完成上述操作。(*** 代表学号后 3 位，其他信息自定义。)

(2) 陇川制鞋公司是云南地区比较出名的传统制鞋厂，由于地处山区，优质皮鞋很难销售到其他省市，制约了公司的经济发展。在改革过程中，公司领导决定采用电子商务的形式推广公司的知名度，进行网络交易，于是首先申请购买了两个域名，即国际域名 www.lchshoes***.com 和国内域名 www.lchshoes***.com.cn，使用时间为三年。同时，为了加大推广力度，又发布了一条"合作"类型的商业信息，标题和内容均为"优质皮鞋陇川造***"。接着，陇川制鞋公司为了能进行网络交易，又申请了专用的企业银行账号，并以 longchuan*** 为企业名称注册了供应商会员，添加了公司的主营商品"陇川皮鞋***"，该商品属于"纺织皮革"类，价格为 120 元/双。金阳商务中心是个刚成立的新公司，为了进行电子商务，该公司也在网上申请了企业专用账号和"采购商"类型的会员。金阳商务中心在交易中心里看到陇川公司的皮鞋，觉得质优价廉，于是想进行买卖交易，便向陇川公司申请了签约商户，陇川公司看到申请立即进行了审批，这样陇川公司就有了第一个网上合作伙伴。金阳商务中心收到回复后，立即填写了一个询价单，想知道一次进购 50 双皮鞋的最低价格是多少。请在电子商务师实验室模拟完成上述操作。(*** 代表学号后 3 位，其他信息自定义。)

项目六 电子数据交换 EDI

电子数据交换(Electronic Data Interchange，缩写 EDI)是指按照同一规定的一套通用标准格式，将标准的经济信息通过通信网络传输，在贸易伙伴的电子计算机系统之间进行数据交换和自动处理。由于使用 EDI 能有效的减少直到最终消除贸易过程中的纸面单证，因而 EDI 也被称为"无纸交易"。

EDI 不是用户之间简单的数据交换，EDI 用户需要按照国际通用的消息格式发送信息，接收方也需要按照国际统一规定的语法规则，对消息进行处理，并引起其它相关系统的 EDI 综合处理。整个过程都是自动完成的，无需人工干预，减少了差错，提高了效率。

一个 EDI 信息包括一个多数据元素的字符串，每个元素代表一个单一的事实，比如价格和商品模型号等。元素之间用分隔符隔开。整个字符串被称为数据段。一个或多个数据段由头和尾限制定义为一个交易集，此交易集就是 EDI 传输单元(等同于一个信息)。一个交易集通常由包含在一个特定商业文档或模式中的内容组成。当交换 EDI 传输时即被视为交易伙伴。

EDI 系统由通信模块、格式转换模式、联系模块、消息生成和处理模块等 4 个基本功能模块组成。

实训目的及要求 ✍

本项目提供两个大模块，一个是 EDI 教学园地，一个是 EDI 应用模拟系统。

要求学生掌握 EDI 相关知识，通过 EDI 应用模拟系统提供的 EDI 单证，学会填写、生成、发送的模拟流程，让学生了解和模拟电子数据交换过程。

一、EDI 教学园地

EDI 教学园地主要为学生提供 EDI 理论浏览和学习的地方，该园地内容框架如图 6-1 所示。

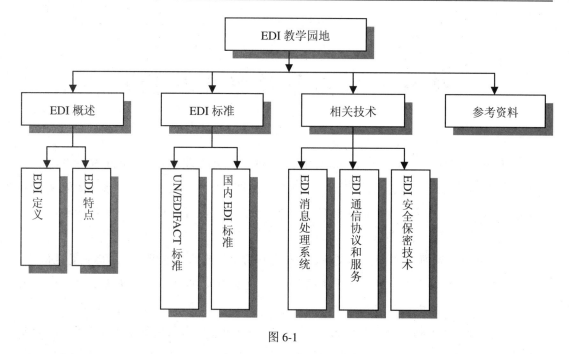

图 6-1

EDI 概述：介绍 EDI 的定义和特点等内容。

EDI 标准：介绍 EDI 的标准。

相关技术：介绍 EDI 相关技术。

参考资料：介绍学习 EDI 的相关参考资料。

二、EDI 应用模拟系统

EDI 应用模拟系统是根据当今 EDI 标准建立的模拟系统，该系统主要为学生提供单证录入、EDI 报文制作、报文生成、报文转译、报文发送、报文接收等一系列功能，使学生清楚的了解 EDI 应用系统的特点和工作原理。

EDI 应用模拟系统工作流程图如图 6-2 所示。

单证录入接口：提供单证填写、单证生成功能，主要为企业提供单证填写模板，企业可通过模板生成相应的 EDI 报文。

贸易伙伴管理：提供贸易伙伴管理功能，为贸易企业双方提供身份确认的功能，贸易企业可以在系统进行注册，为 EDI 系统建立企业信息标准。

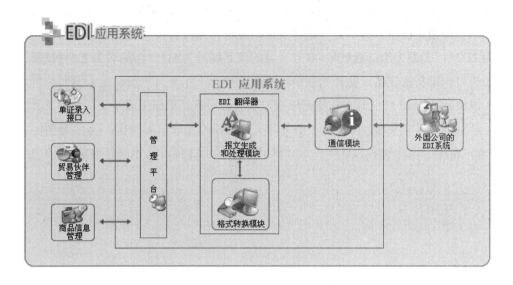

图 6-2

商品信息管理：提供商品信息添加功能，为贸易企业提供企业商品注册，并为 EDI 系统建立商品信息标准。

报文生成和处理模块：提供单证的映射，可将单证转成平文形式，为翻译系统做准备。

格式转换模块：提供平文向原始报文格式的转换功能。可将单证翻译成标准的计算机识别语言，并为发送做好准备。

通信模块：提供 EDI 报文的发送功能，可将报文发送到贸易对方客户端系统。

管理平台：为企业提供回执查询、报文发送情况查询等功能。

任务拓展

(1) 海天公司是一家国内外贸公司，主营进口业务。安瑞公司是一家美国出口公司，主要出口各种精密仪器。为了更好地开展进口业务，海天公司将安瑞公司列为贸易伙伴，编号为 ***，类型为出口商***，双方交易的商品编号为 ***，品名为 ***仪器。

请在电子商务师实验室模拟完成以上操作。(海天公司注册名为海天***，安瑞公司注册名为安瑞***，*** 代表学号后 3 位，其他信息自定义。)

注释：考察 EDI 添加贸易伙伴操作。

(2) 东海公司是一家国内外贸易公司，主营进口业务。奇瑞公司是一家英国出口公司，主要出口各种精密仪器。为了更好地开展进口业务，东海公司将奇瑞公司列为贸易伙伴，编号为 N***，类型为出口商***，双方交易的商品编号为 H***，品名为 D***仪器。东海公司想进口一批精密仪器，便开始制单，交货时间为 *年*月*日，卖主编码为贸易伙伴名称，添加商品为 L***仪器。制单完毕后，东海公司将此单据生成平文，然后又译成 EDI 报文，最后将此报文发送。请在电子商务师实验室模拟完成以上操作。(东海公司注册名为东海***，奇瑞公司注册名为奇瑞***，*** 代表学号后 3 位，其他信息自定义。)

项目七 物 流 网

物流的概念起源于 20 世纪 30 年代，最早是在美国形成的，原意为"实物分配"或"货物配送"。1963 年，"物流"一词被引入日本，日文意思是"物的流通"。20 世纪 70 年代后，日本的"物流"一词逐渐取代了"物的流通"。

物流英文名称是 logistics，定义为：供应链活动的一部分，是为了满足客户需要而对商品、服务以及相关信息从产地到消费地的高效、低成本流动和储存进行的规划、实施与控制的过程。

中国的"物流"一词是从日文资料引进而来的，源于日文资料中对"Logistics"一词的翻译"物流"。

中国的物流术语标准将物流定义为：物流是物品从供应地向接收地的实体流动过程中，根据实际需要，将运输、储存、装卸搬运、包装、流通加工、配送、信息处理等功能有机结合起来实现用户要求的过程。

物流管理(Logistics Management)是指在社会生产过程中，根据物质资料实体流动的规律，应用管理的基本原理和科学方法，对物流活动进行计划、组织、指挥、协调、控制和监督，使各项物流活动实现最佳的协调与配合，以降低物流成本，提高物流效率和经济效益。现代物流管理是建立在系统论、信息论和控制论的基础上的。

在电子商务下的物流配送，是信息化、现代化、社会化的物流和配送，是指物流配送企业采用网络化的计算机技术和现代化的软件系统及先进的管理手段，针对社会需求，严格地、守信用地按用户要求完成商品的采购、存储、配送等一系列环节。如果缺少了现代化的物流管理，无论电子商务是多么便捷的贸易形式，都将是无米之炊。

实训目的及要求 ✍

(1) 掌握物流身份注册的步骤。

(2) 掌握物流前台的操作。

(3) 掌握物流后台的管理。

任务一　物流前台操作

一、物流注册

进行物流操作之前，必须进行身份注册。进入物流网页面，选择物流模块，如图 7-1 所示，点击"会员注册"按钮，填写注册信息后点击"确定"，完成注册。

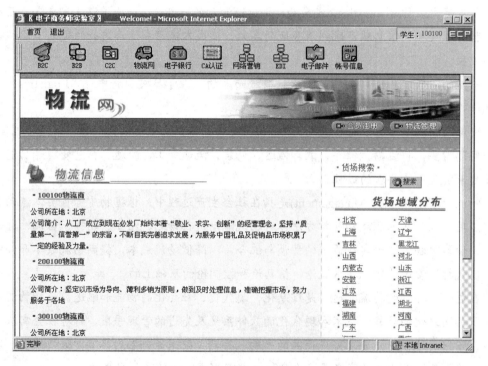

图 7-1

提示：

物流网在操作之前要做初始化工作，首先要注册身份才能进行物流操作。同时还要进行增加仓库、仓库管理、新增车辆和车辆管理操作。

二、物流管理前台

物流管理前台的主要功能是浏览物流商的信息，同时供供应商申请物流服务。供应商可以选择多个物流商，每个物流商有多个仓库，供应商可以把货物存放到物流商的任何仓库中。

供应商申请物流服务的流程如下：

(1) 供应商在物流管理前台浏览物流商信息，选择合适的物流商作为自己的物流服务商。

(2) 点击该物流商，进入物流商资料页面，如图7-2所示。

图7-2

(3) 物流商点击"申请物流服务"，系统验证用户身份，显示 CA 验证框。

(4) 供应商正确选择自己的身份后，系统显示物流服务许可协议，供应商点击"同意"。

(5) 供应商等待物流商审批。

(6) 物流商在客户管理中审批供应商的申请。

任务拓展

(1) 兆阳公司是一家冰箱生产商，企业注册名称为 Z***，产品名称为 Z***冰箱。海天公司是一家物流公司，企业注册名称为 H***，该公司拥有 2 个仓库和 2 辆卡车。Z 公司为了顺利开展业务，向 H 公司申请物流服务，H 公司经过审查，同意了 Z 公司的申请。于是 Z 公司委托 H 公司往仓库发送 500 台冰箱，及时补充了库存。请在电子商务师实验室完成上述操作。(*** 代表学号后 3 位，其他信息自定义。)

(2) H 公司是一家空调生产商，企业名称为 H***，其产品为 ***空调。A 公司是一家物流公司，企业注册为 A***，该物流公司拥有 2 个仓库和 2 辆卡车。A 公司根据现有资金状况，增加了面积为 100 平方米和 150 平方米的两个仓库。H 公司为了顺利开展业务，特向 A 公司申请物流服务。A 公司经过审核，批准了 H 公司的申请。于是 H 公司向 A 公司的仓库里发了 200 台空调，及时补充了库存。请在电子商务师实验室模拟完成上述操作。(*** 代表学号后 3 位，其他信息自定义。)

任务二　物流后台操作

一、配送处理

配送处理模块主要为物流商在配送处理中受理供应商在订单处理中生成的配送单。
配送处理流程(见图 7-3)如下：

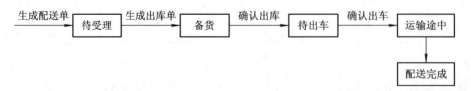

图 7-3

(1) 物流商进入配送处理模块，如图 7-4 所示，选择"待受理"的配送单，点击"配送单明细"。

图 7-4

(2) 进入配送单明细，见图 7-5，点击"生成出库单"，系统提示出库单生成。

图 7-5

![蜜蜂]提示：

出库单生成后，要转入下一步"出库处理"模块才能完成出货过程；回到配送单页面，配送单状态显示为"备货中"。

(3) 物流商进入"出库处理"，确认出库，配送单状态变为"出货完成"。

(4) 物流商进入"车辆调度"进行派车处理，配送单状态变为"送货途中"。

(5) 物流员送货完毕，物流商进入配送处理模块，选择单据状态为"送货途中"的单据，点击"配送单明细"，进入该配送单明细。

(6) 物流商点击"送货完成"，配送单状态变为"送货完成"，完成物流配送处理流程。

二、入库处理

入库处理模块主要为配送中心提供入库处理。供应商发货生成的"发货单"和供应商调拨生成的"调拨单"必须经过物流商确认登记入库后，才能进入库存。

入库处理流程如下：

(1) 物流商进入入库处理模块，如图 7-6 所示，选择单据状态为"未入库"的单据。

图 7-6

(2) 点击"单据明细"，进入后点击"确认入库"，库存增加，完成单据入库处理。

三、出库处理

出库处理模块主要为配送中心提供出库处理。物流商受理配送单后，要对商品进行出库，减少库存。

出库处理流程如下：

(1) 物流商配送中心根据配送要求生成出库单。

(2) 物流商点击"出库处理"模块，如图 7-7 所示；选择单据状态为"未出库"的出库单，点击"出库单明细"，审核出库单，如图 7-8 所示。

(3) 物流商点击"确认出库"，系统将出库单中的货物数量从指定仓库的库存中减去，完成出库处理。

图 7-7

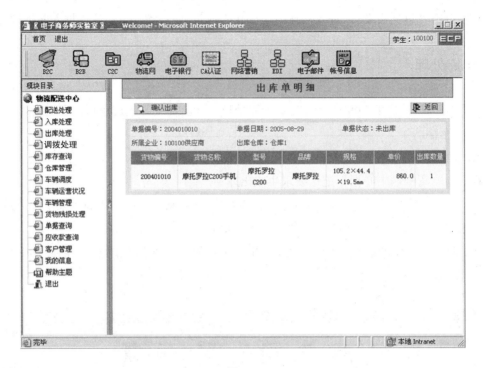

图 7-8

四、调拨处理

调拨处理模块主要是对供应商的调拨要求进行审核确认。

调拨处理流程如下：

(1) 供应商生成的调拨单在这里等待物流商处理，单据状态为"未处理"。

(2) 物流商点击"后台管理"｜"调拨处理"，选择单据状态为"未处理"的调拨单，点击"调拨单明细"，如图 7-9 所示。

(3) 进入订单明细审核后，点击"调拨确认"，完成调拨处理。

五、仓库管理

仓库管理模块用于物流商对自己的仓库进行新增、修改和删除。点击"物流商后台管理"｜"仓库管理"模块，如图 7-10 所示。

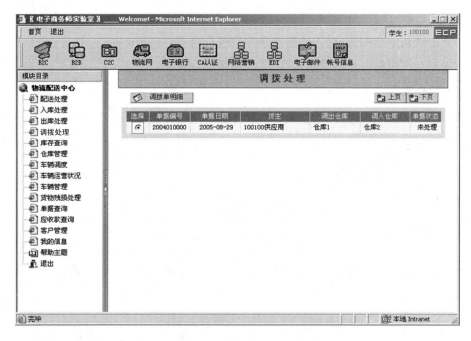

图 7-9

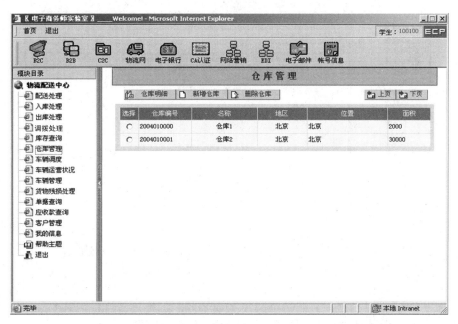

图 7-10

1. 新增仓库

(1) 点击"新增仓库",进入"新增仓库信息"页面。

(2) 填写仓库信息,点击"确定",完成新增仓库操作。

2. 删除仓库

选择需要删除的仓库(前提是仓库必须没有库存),点击"删除仓库",系统完成删除仓库。

3. 仓库明细

(1) 选择需要修改的仓库,点击"仓库明细",系统进入仓库明细。

(2) 修改后,点击"保存",完成仓库修改操作。

六、车辆调度

物流商出库处理完成后,进入车辆调度模块进行车辆调度。点击"物流商后台管理" | "车辆调度"模块,如图 7-11 所示。

图 7-11

车辆调度流程如下:

(1) 选择单据状态为"出货完成"的单据, 点击"调度单明细"。

(2) 系统进入调度单明细，点击"车辆分配"。

(3) 选择合适的车辆(运输能力必须大于货物总重量)，点击"分配"，返回上一页。

(4) 点击"确定分配"，完成车辆调度操作。

七、车辆管理

车辆管理模块是物流商对自己的车辆进行删除、修改、新增的地方，包含新增车辆、车辆信息和报废车辆模块，如图 7-12 所示。

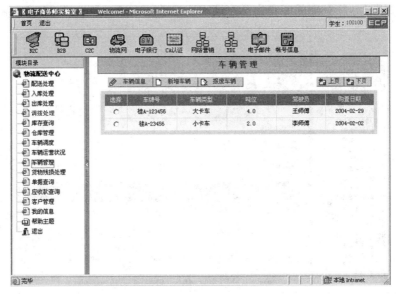

图 7-12

1. 车辆信息

(1) 选择要修改的车辆，点击"车辆信息"。

(2) 填写要修改的车辆信息，点击"确定"，完成修改。

2. 新增车辆

(1) 点击"新增模块"，进入新增车辆信息页面。

(2) 填写新车信息，点击"确定"，完成车辆增加操作。

3. 报废车辆

选择要报废的车辆，点击"报废车辆"，完成车辆的报废操作。

八、货物残损处理

货物残损处理模块主要是对供应商的仓储中发生残损的货物进行处理。

货物残损处理流程如下：

(1) 物流商进入后台管理，点击"货物残损处理"，进入"货物残损单列表"页面。

(2) 点击"新建货物残损单"，进入"新建残损单"页面，如图 7-13 所示。

(3) 选择货主，再选择仓库，系统列出仓库的商品信息。

(4) 选择需要残损处理的库存商品，填写残损数据，然后点击"确认"，系统生成货物残损单。

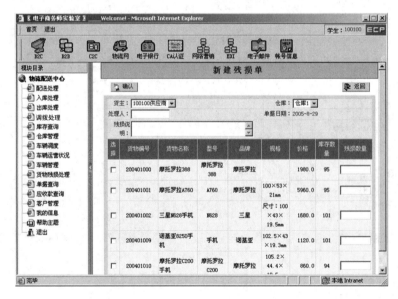

图 7-13

九、单据查询

单据查询模块包括配送单查询、入库单查询、出库单查询、调拨单查询。查询各种单据的历史记录时，查询内容包括订单号、订单日期、货主、调入仓库、调出仓库、单据状态等。查询条件包括订单号、订单起止日期和货主。点击"物流商后台管理"|"单据查询"，如图 7-14 所示。

图 7-14

单据查询流程如下：

(1) 物流商进入单据查询页面，选择需要查询的单据类型，选择或输入查询条件，单击"查询"，系统显示查询结果列表。

(2) 物流商选择结果列表中的订单，单击"订单明细"，系统显示订单明细。

十、应收款查询

物流商的应收账在配送订单生成的同时建立应收款。

(1) 点击"物流商后台管理"|"应收款查询"，如图 7-15 所示，选择应收款。

(2) 选择需要查看的供应商，点击"应收款明细"，查看该供应商应收款。

十一、客户管理

供应商如果需要物流商进行配送处理，必须向物流商申请物流服务，供应商在物流首页申请成功后，等待物流商审批；物流商在客户管理模块对供应商的申请进行审批，如图 7-16 所示。

审批流程如下：

(1) 物流商点击"客户管理"，选择待审批的客户。

(2) 点击"客户明细"，确认"审批"，完成审批过程。

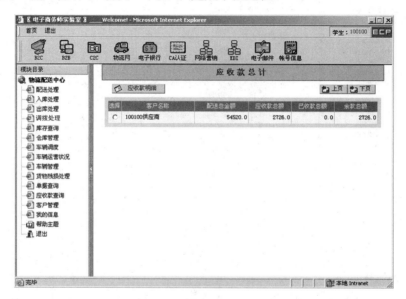

图 7-15

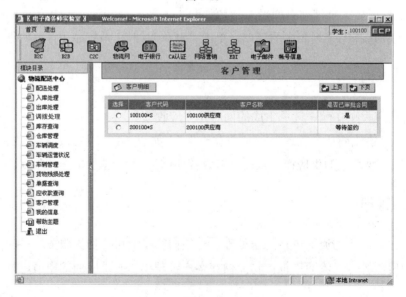

图 7-16

任务拓展

张强公司是一家玻璃生产商，企业注册名称为 ZQ***，产品名称为 ***有机玻璃。天元公司是一家物流企业，企业注册名称为 TY***，该公司拥有 2 个仓库和 3 辆卡车。张强公司为了顺利开展业务，向天元公司申请物流服务，天元公司经过审批，同意为张强公司提供物流配送服务。于是天元公司按照发货单将 10 吨有机玻璃送达张强公司仓库，及时补充了库存。请在电子商务师实验室模拟完成上述操作。(*** 代表学号后 3 位，其他信息自定义。)

项目八　网　络　营　销

网络营销是以互联网络为媒体，以新的方式、方法和理念实施营销活动，更有效促成个人和组织交易活动的销售形式。网络营销具有很多的定义，内容非常丰富。网络具有传统渠道和媒体所不具备的独特特点，即信息交流自由、开放和平等，而且信息交流费用非常低廉，信息交流渠道既直接又高效，因此网络营销在很多领域已渐渐取代传统营销。

本项目模拟一个网络营销公司的日常运作过程。在电子商务模拟环境下的网络营销公司提供如下服务：商业信息、分类广告、电子杂志、调查问卷、网站建设、域名主机、搜索引擎。

实训目的及要求 ✍

(1) 通过模拟会员注册，理解会员注册的意义。

(2) 通过模拟会员注册，掌握会员注册的一般步骤。

(3) 了解搜索引擎的特点及结构。

(4) 通过模拟实验系统，掌握利用搜索引擎进行普通的关键字查询、关键字排名服务以及搜索引擎购买操作。

(5) 通过电子杂志实验，理解电子杂志的概念，对电子杂志有感性认识。

(6) 通过模拟实验系统，掌握前台订阅电子杂志及后台发布电子杂志的方法。

(7) 掌握获得邮件列表及用邮件列表群发信息的方法。

(8) 掌握新闻组的使用方法和流程，掌握新闻组查询、设置、回复、发布信息的基本方法。

(9) 了解新闻组服务的安装及配置。

(10) 通过网络广告实验，理解网络广告的概念与内涵，对网络广告系统有感性认识。

(11) 通过模拟实验系统，能运用网络广告系统发布、管理、分析网络广告，对网络广告的多种形式有一定了解，能够动手制作文字网络广告。

(12) 通过调查问卷实验，对利用调查问卷进行市场调研有感性认识。

(13) 了解利用调查问卷进行网络市场调研的方法。

(14) 掌握调查问卷编写和发布的方法。

(15) 理解网站后台管理用户信息的基本特点。

(16) 掌握查看和修改用户信息的方法。

(17) 掌握申请域名的方法，了解利用域名宣传企业或个人的方法。

任务一 网络营销域名及搜索引擎

一、网络营销注册

网络营销公司采取会员制服务管理，会员注册成功后，申请网络营销公司提供的服务，就不用再次填写大量重复的信息了，只需填写该服务必需的信息即可。

注册流程如下：

(1) 点击网络营销首页，如图 8-1 所示，选择"注册"。

(2) 进入注册页面，填写注册信息，点击"确定"完成注册。

图 8-1

二、域名主机

用户在前台申请域名主机，网络营销商在后台管理域名主机。

1．申请域名(前台)

(1) 网站建设首先要申请域名，点击"域名主机"，如图 8-2 所示，填写网站域名，点击注册。

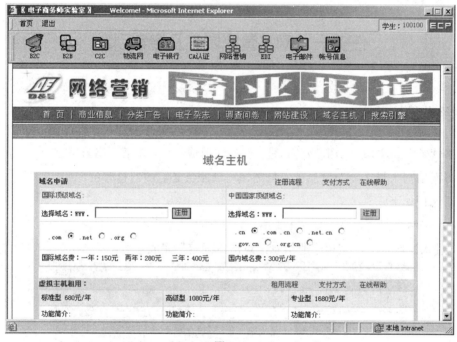

图 8-2

(2) 系统审核该域名是否有重复，域名审核通过后，点击"继续"。

(3) 阅读用户域名协议。

(4) 填写用户名和密码，点击"继续"。

(5) 选择域名使用时间，点击"继续"。

(6) 系统给出域名注册信息，完成注册。

2．域名管理(后台)

(1) 点击网络营销首页，如图 8-1 所示，进行会员登录。

(2) 点击域名管理，如图 8-3 所示，选择需要修改的域名，点击"域名信息"。

(3) 填写 URL 指向，点击"修改"。

图 8-3

3．虚拟主机租用(前台)

(1) 点击"域名主机"页面，如图 8-2 所示，查看虚拟主机租用类型，选择适合自己的方式。

(2) 点击订购，查看虚拟主机租用信息，如图 8-4 所示，点击"继续"。

(3) 阅读用户协议并同意后，点击"继续"。

(4) 选择域名使用时间，点击"继续"。

(5) 系统给出受理成功页面，完成虚拟主机租用。

4．虚拟主机租用(后台)

(1) 点击网络营销首页，进行会员登录。

(2) 点击"虚拟主机"模块，如图 8-5 所示。

(3) 进入虚拟主机模块后，选择需要查看的项目，点击"虚机信息"进行查看。

图 8-4

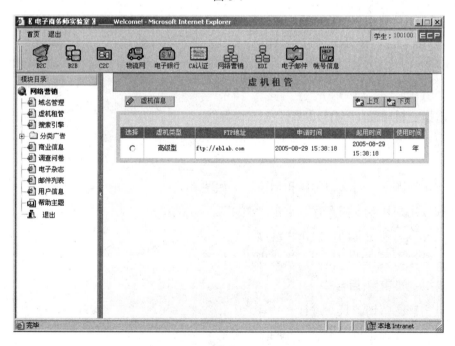

图 8-5

三、搜索引擎

本模块除了提供普通的关键字查询以外，还提供关键字排名服务。

单关键字查询：用户提交单个关键字，按照"所有"、"网站"、"新闻"、"商品"、"广告"五个类别搜索。

1．关键字排名服务

(1) 搜索引擎用户在搜索引擎里输入一个关键字，通常可以得到很多搜索结果，这些搜索结果的排名有先后之分，这就是搜索引擎排名。

(2) 关键字排名服务费最低为 300 元，多付不限，企业用户缴纳服务费后，可以自己编辑关键字、该关键字的说明文字、要链接的网址以及潜在客户单次点击该关键字链接企业用户需向搜索引擎提供商所支付的费用。每个用户所能提交的关键字数量没有限制。

(3) 当有潜在客户通过关键字排名点击访问企业用户的网站后，收费系统会累加这次费用，当(服务费－累加费用)小于单次点击该关键字链接所花的费用时，不再从企业用户账号中扣除相应费用，并通过电子邮件告知企业用户。

(4) 如果多家企业同时竞买一个关键字，则搜索结果按照每次点击竞价的高低来排序。如果竞价相同，则后出价者排名靠前。

2．搜索引擎购买

(1) 点击搜索引擎页面，如图 8-6 所示，点击"购买"。

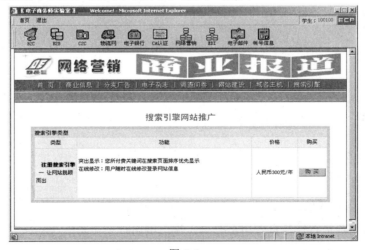

图 8-6

(2) 阅读《搜索引擎服务协议》，点击"同意"。

(3) 填写搜索引擎网站资料，选择使用年限，点击"继续"。

(4) 系统给出受理成功的页面，完成搜索引擎的购买。

任务拓展

(1) 请在电子商务师实验室中，以"USER***"为用户名，注册申请一个电子邮箱，并对该电子邮箱进行相关配置。(***代表考生准考证号的后三位，所需其他信息自定义。)

(2) 嘭嘭和几个好友注册了电子商务公司，为了扩大公司知名度，嘭嘭和公司管理者决定购买一个搜索引擎，特派公司网管冷瑜办理购买的相关手续。该搜索引擎的名称为电商***，网站地址为 http：//ww.EC***.com，搜索关键词为营销，选择的类目为"电脑与网络"，使用时间为 3 年。(*** 代表考生准考证号的后三位，所需其他信息自定义。)

(3) 杨轶是一个忠实的网络消费者，经过了一段时间的"烧钱"后，也想自己来从事网络营销商务，于是他就首先以企业名 Yangyi Comp***注册了个会员，主营行业为"商业服务"，然后又申请了两个域名主机，分别是国际域名 www.yangyi***.org 和中国域名 www.yangyi***.org.cn，均注册使用 2 年，所有 URL 均指向 http：//www.yangyi.org。请在电子商务师实验室中模拟完成上述操作。(*** 代表考生准考证号的后三位，所需其他信息自定义。)

任务二　网络营销方式

一、分类广告

广告分为三类：文字广告、按钮型广告和旗帜广告。

1. 文字广告

发布文字广告步骤如下：

(1) 登录网络营销首页，点击用户登录，进入网络营销后台，选择"发布文字广告"。

(2) 点击"新建"，选择发布类型、广告类型、广告名称、广告链接。

(3) 点击"确定"，完成文字广告发布。

(4) 点击网络营销首页/分类广告，广告已发布在这里，如图8-7所示。

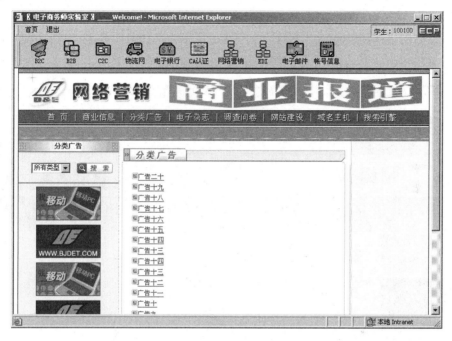

图 8-7

2．按钮型广告

发布按钮型广告的步骤与文字型广告相同。

发布位置：首页、商业信息、分类广告、电子杂志、调查问卷等页面的右边。

3．旗帜广告

发布旗帜广告的步骤与文字型广告相同。

发布位置：首页、商业信息、分类广告、电子杂志、调查问卷、网站建设、域名主机、搜索引擎等页面的顶部。

二、电子杂志

1．订阅电子杂志(前台)

订阅过程如下：

(1) 点击网络营销/电子杂志页面，如图 8-8 所示，选择需要订阅的杂志类型。

(2) 填写正确的 E-mail，输入密码，点击订阅，系统提示完成订阅。

取消订阅过程如下：

(1) 点击网络营销/电子杂志页面，如图 8-8 所示，选择需要取消订阅的杂志类型。

(2) 填写正确的 E-mail，输入密码，点击"取消订阅"。

图 8-8

2．电子杂志(后台)

电子杂志后台新建电子杂志的流程如下：

(1) 在网络营销首页填写用户名和密码登录网络营销后台，进入电子杂志，如图 8-9 所示。

(2) 选择电子杂志类型，点击"新建电子杂志"。

(3) 填写电子杂志内容，点击"发送"，系统显示发送成功，电子杂志邮件发送到了订阅者的信箱。

图 8-9

三、邮件列表

邮件列表可以实现邮件的批量发送，可以向许多拥有电子邮件地址的人发送预备好的信息。

1．邮件列表获得方式

(1) 前台完成电子杂志订阅手续，就可以在后台收集订阅地址了。会员进入网络营销/电子杂志模块，如图 8-9 所示，点击"收集"，系统自动把前台订阅的 E-mail 地址收集到邮件列表中。

(2) 通过增加电子邮件方式，点击网络营销/邮件列表，如图 8-10 所示。邮件列表本身有增加电子邮件的功能，可以通过手工方式增加、删除或修改邮件列表中的邮件地址。

2．邮件发送

(1) 进入网络营销后台管理，点击邮件列表，点击"发邮件"。

(2) 填写邮件信息，点击收件人地址，选择需要发送的电子邮件。使用邮件列表还可实现邮件群发的功能。

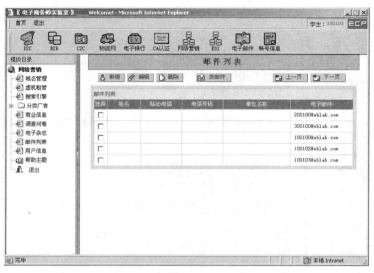

图 8-10

四、调查问卷

1．调查问卷(前台)

调查问卷是将问卷在网上发布，等待访问者访问时填写问卷，被调查对象通过 Internet 完成问卷调查。点击网络营销/调查问卷，如图 8-11 所示。

图 8-11

2．调查问卷(后台)

调查问卷通过后台发布在线调查，发布流程如图 8-12 所示。

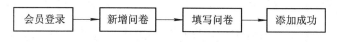

图 8-12

(1) 用户使用账号和密码进入调查问卷发布模块，如图 8-13 所示。

(2) 用户可以新增、修改、删除调查问卷。

(3) 用户点击"新增"，进入"新增调查问卷页面"，选择问卷类型，撰写问卷题目，添加选项，提交问卷，添加成功。

(4) 系统自动发布这条在线调查问卷。

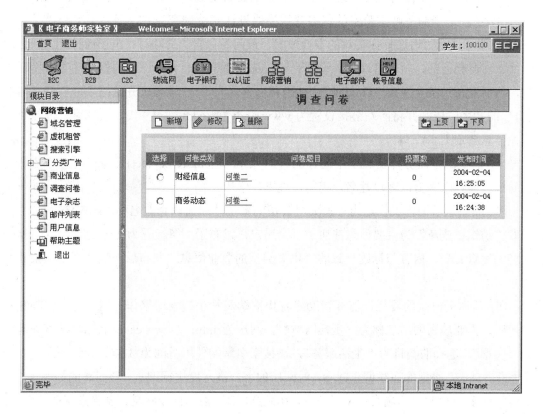

图 8-13

(1) 维筱在一家公司专门从事广告设计开发工作。为了扩大宣传，公司领导决定让维筱发布一条标题为"现有地段优越的现房可购可租，欢迎前来参观考察***"、内容与标题一致的招商类型的商业信息，发布后搜索并查看该条商业信息，并把该条信息利用电子邮件发送给系统管理员 100100@eblab.com。请在电子商务师实验室内模拟完成。

(2) 在搜索引擎界面添加一个按钮型网络广告，广告标题为"新书介绍***"，网站链接到 HTTP：//WWW.EBLAB***.COM；同时，新建一个邮件列表，其中包含一条信息：新书介绍推荐。(*** 代表学号后三位，所需其他信息自定义。)

(3) 请在电子商务师实验室的网络营销模块设计一份调查问卷，问卷类型为"学习热点"，问卷标题为"请选择你喜欢的专业***"，该问卷包含的选项有：电子商务师、网络编辑师、注册会计师、项目管理师。设计完毕，选择"电子商务师"一项投票并查看投票结果，然后发布一条类别为"IT 行业"、标题和内容均为"***辅导班开始招生，欢迎报名参加！"的文字广告，并将网站链接设置为 www.study***.com。(*** 代表学号后三位，所需其他信息自定义。)

(4) 请在电子商务师实验室中向你的客户 jambol(jamol@ecp.net)发送一封客户信息调查问卷，调查内容为：客户姓名，年龄，性别，学历。

(5) 甜甜从事销售工作，为了加大对公司的宣传，甜甜以企业名称"sweet***"、主营行业"纺织、皮革"为主要信息注册了一个用户，发布了一条标题为"***新款香包上市，欢迎浏览查看！"、内容与标题一致的"供"类型的商业信息，发布后搜索并查看该条商业信息。

(6) 冰冰受好友的委托，需要帮助好友申请购买一个搜索引擎作为网店的宣传阵地。注册时，需要填写网站名称为"蛋糕网***"，网址为 http：//www.cake8.com，搜索关键词为"蛋糕"，选择的类目为"生活服务"，该搜索引擎的使用时间为 3 年。同时还要发布一个"商务动态"类型的在线调查问卷，对网店的客户满意度进行调查，该问卷的标题为"您对网店知多少 ***"，选项有：A 很满意，B 满意，C 一般，D 没感觉。设置完调查问卷后，为了确保该问卷正确无误，点击投票进行测试。请在电子商务师实验室中完成上述操作。(*** 代表学号后三位，所需其他信息自定义。)

(7) 王某在互联网上开着一家专营手机电池的小店，店名为"超越电池***"，并将"超越电池***"登录到搜索引擎，希望借此吸引更多的客户，以扩大小店的知名度。王某还在网络上发布了商业类广告，标题为"超低价格，最高品质***！"内容为"本店*** 为手机电池类第一超级大卖家，商品一周内出现质量问题无条件全额退款，国产 OEM 手机电池质量保障，祝各位朋友购物愉快！"除此以外，王某还准备建立一个新闻组，首先他创建了一个名为"yue***.ecp.net"的新闻服务器，并在此服务器上创建了一个新闻组，名称为"超越电池报价单***"，新闻组编号为"yue***"。作为版主，王某首先加入了此新闻组(账号：yue***)，并在组中发布了近期手机电池的报价，标题为"2005 夏季最新报价***"，内容自拟。请你根据以上描述，在电子商务师实验室中模拟完成这些步骤。(*** 代表学号后 3 位，所需其他信息自定义。)

项目九　物联网产品体系与应用

物联网(Internet of Things)是指将各种信息传感设备，如射频识别(RFID)、红外感应器、全球定位系统、激光扫描器等装置与互联网结合起来而形成的一个巨大网络。物体通过智能感应装置，经过传输网络，到达指定的信息承载体，实现全面感知、可靠传送和智能处理，最终实现物与物、人与物之间的自动化信息交互与处理。

随着政府的大力支持，以及我国物联网产业链上下游企业的大力发展，目前，我国物联网产业体系已基本形成。同时，各相关企业也具备了一定的技术，形成了一定的产业和应用的基础。根据中国经济信息社发布的《2016—2017 年中国物联网年度报告》以及公开资料查询的数据显示，我国物联网产业规模已从 2009 年的 1700 亿元跃升至 2017 年的 11 500 亿元，年复合增长率为 26.9%。

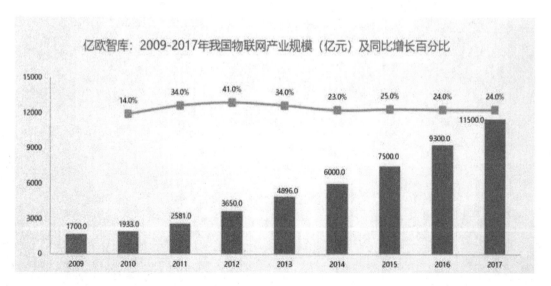

实训目的及要求 ✎

(1) 了解物联网的作用。

(2) 掌握物联网的功能。

(3) 掌握无线视频监控平台。

任务一　物联网概述

一、物联网三大要素

1. 全面感知

利用传感器、二维码、RFID 等近程通信技术随时随地获取物体的信息。

2. 可靠传递

通过各种电信网络与互联网的融合，将物体的信息实时准确地传递出去。

3. 智能处理

利用云计算、模糊识别等各种智能计算技术，对海量的数据和信息进行分析和处理，对物体实施智能化的控制。

二、物联网相关产品体系

1. 车管专家

1) 业务介绍

位置服务系统(LBS)是基于全球卫星定位技术(GPS)、无线数据通信技术(CDMA)、地理信息系统技术(GIS)的动态监控综合服务平台。利用全球卫星定位技术、无线数据通信技术、地理信息系统技术、中国电信 3G(4G)等高新技术，将车辆的位置与速度，车内外的图像、视频等各类媒体信息及其他车辆参数等进行实时管理，有效满足用户对车辆管理的各类需求。

2) 车管专家产品体系

· 出租车行业车管专家；

· 公交行业车管专家；

· 物流行业和特种行业车管专家；

· 长途客运行业车管专家。

3) 系统功能

(1) 基本功能。基本功能如图 9-1 所示。

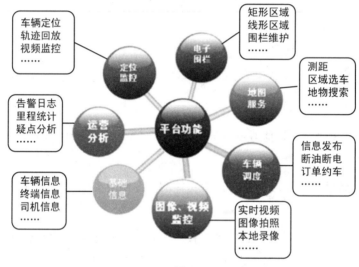

图 9-1

(2) 出租车行业特色功能。

· 订单约车：发送订单信息，让司机来抢单。可以指定订单类型(如即时订单、预约订单)、订单日期、订单内容或将订单发送给指定的车辆。

· 广告发布：对车辆广告屏上显示的广告内容进行管理。

· 计价器设置：设定指定车辆的计价器停车时间，可以达到限制车辆运营的作用。

· 一键报警：通过车载设备上的报警按钮，可以实现一键报警功能。

· 地名查找：在地图上查找某个地名所在的位置。

· 电话叫车：支持电话叫车管理。

(3) 公交行业特色功能。

· 线形围栏：设置线形区域，用作行车路线的设置，可以对公交的行车路线进行实时监控。

· 智能站台：通过媒体发布中心与电子站牌的数据交互，实现公交调度信息数据的发布和多媒体数据的发布功能，在向市民提供公交线路运行信息的同时，可以利用电子站牌实现广告发布等功能。

· 站点管理。

· 线路管理。

(4) 物流行业和特征行业特色功能。

对行车路线、历史轨迹记录进行智能分析，对物流过程进行实时掌控，并可以实现对中途卸货、倒货等违法违规行为进行动态监控。

(5) 长途客运特色功能。

· 远程录像采集：可以利用无线网络实时调取远程视频和设备中的录像。

· 疑点分析：用于分析驾驶员在事故点所采取的各项车辆操作措施，以图形显示，可作为交通事故责任划分的依据。

· 报警自动拍照。

· 非法开门报警：在规定区域外开关门可以自动拍照并报警；在车辆行驶的情况下，开门或先起步后关门可以自动拍照并报警。

· 碰撞报警：即特定减速报警，当车辆发生碰撞时，软件会弹出报警信息。

· 侧翻报警：当车辆成 45 度以上侧翻时，自动报警并自动拍照，由监控中心确认是否属真实报警，并以短信形式发送到指定手机上。

2．人员定位

1) 业务介绍

人员定位产品主要采用 B/S 方式，通过 GPS 或 GPSOne 定位技术，可提供对选定终端的手动定位、定时定位、历史轨迹查看等功能，确定用户终端的位置信息，与客户的业务流程进行整合，为用户订制带有用户标识的平台界面，形成与人员定位相关的各种行业应用。

2) 人员定位产品体系

· 司法 e 通(社区矫正)。

· 辅警巡逻管理。

· 销售人员辅助管理系统。

- 儿童和老人看护(爱贝监护)。
- 行业应用定位(渔信 e 通)。

3) 系统功能

(1) 司法 e 通。司法 e 通是一个集监控、管理、定位、矫正于一身的管理系统，能够帮助各地各级司法机构降低刑罚成本，提高刑罚效率。本系统可以通过 CDMA 1X 独具优势的 GPSOne 手机定位技术对矫正对象进行位置监管，同时具备完善的矫正对象电子档案、查询统计功能，并包含对矫正对象的管理考核，是使矫正工作人员的日常工作信息化、智能化的高效管理平台。

主要功能：

- 定位查询——随机或定时。
- 历史轨迹回放。
- 人机分离抽查。
- 越界告警。
- 越界信息确认。
- 到期警示。
- 矫正对象信息。
- 安置帮教人员信息。
- 工作考核。
- 角色、权限、用户管理。

(2) 辅警巡逻管理系统。辅警巡逻管理系统是基于卫星定位、基站定位、无线数据通信技术的动态监控综合服务平台。它针对巡逻的辅警，利用 GPSOne 定位技术、移动通信技术、地理信息系统技术等技术，能够有效满足管理部门对辅警工作状态下定位管理方面的需求，可以实现执法单位对执法人员的动态化、精细化考核管理，并能对一线执法人员的执法巡逻过程进行全方位指导和监督，提高管理效率，确保执法人员巡逻到位，提高对突发事件的应对能力。

主要功能：

- 管理定位。
- 执法考勤。
- 巡逻轨迹。

(3) 销售人员辅助管理系统。销售人员持有定位的手机终端，企业可对销售人员的日常外勤工作、业务流程进行有效的支撑管理。销售人员每日的工作详情和轨迹均可在系统实时管理，销售人员的任务可以精确到具体的时间和地点。企业可以灵活有效地发送新任务或者任务变动通知，可以加强营销服务团队的管理，协助客户经理提升客户走访的效率。

主要功能：

- 支撑管理。
- 任务安排。
- 绩效考核。
- 提供对用户和终端的组管理功能。

(4) 爱贝监护(儿童和老人看护)。定位平台与专用定位终端有机结合，用于随时随地准确地查寻孩子和老人的位置，有助于家庭和睦和社会和谐。

(5) 渔信 e 通。渔信 e 通系统是一个集监控、管理、定位于一身的管理系统，能够帮助各地各级渔业局降低管理船舶成本，提高管理船舶效率。本系统可以通过 CDMA 1X 独具优势的 GPSOne 手机定位技术对船舶对象进行位置监管，同时具备完善的船舶对象电子档案管理、查询统计功能。

主要功能：

- 航路监控。
- 报警处理。
- 地物查询。

3．无线视频监控平台

1) 业务介绍

无线"全球眼"网络视频监控业务是由中国电信推出的一项基于宽带和 CDMA1X/EVDO 技术的远程视频监控、传输、存储、管理的新型应用增值业务。它能够灵活构建客户视频监控网络通道，实现客户视频信息业务的传送。该业务利用中国电信无处不在的宽带和 CDMA 移动网络将分散、独立的图像采集点进行联网，实现跨区域、全球范围内的统一监控、统一存储、统一管理、资源共享，为各行业的管理决策者提供了一种全新直观的扩大视觉和听觉范围的管理工具，提高工作绩效。

2) 无线视频监控平台产品体系

- 公交行业无线视频监控平台。

- 公安行业无线视频监控平台。
- 家庭安防无线视频监控。
- 行业应用无线视频监控。
- 环保/水利行业无线视频监控。
- 城建 e 通。
- 城市应急指挥监控平台。

3) 系统功能

(1) 基本功能。基本功能包括图像功能和控制功能。

- 图像功能：可对图像进行实时播放、历史播放、播放控制、图像报警处理等。
- 控制功能：具有传统监控矩阵控制主机的全部功能。

(2) 公交行业特色功能。前端视频采集设备安装在公交车上，与车管专家等 GPS 定位调度业务紧密结合。特色功能如下：

- GPS 定位功能：前端设备内置 GPS 定位模块。
- 报警功能。
- 延时关机：支持定时延时关机功能，用户可根据实际需求设置延时关机时间。此功能可以节约电能的损耗，灵活方便，经济实用。

(3) 公安行业特色功能。前端视频采集设备安装在公安巡逻车上，与公安综合业务调度系统等紧密结合。特色功能如下：

- 车载视频本地显示和键盘控制。
- 双向语音对讲和静默监听。
- 群呼喊话。

(4) 家庭安防特色功能。为了满足和谐社会的总体要求，由政府投资的城市公共空间监控，如平安城市、平安社区等项目陆续开建。

- 公安部门提倡"技防入户"——平安 e 家。
- 客户可以利用手机终端、PC 等对家庭、中小商铺的现场进行监控。

(5) 行业应用无线视频监控。如针对消防、电力、检疫等行业提供单兵无线视频监控，前端采用便携式的单兵设备，消防队员等进行非固定点实时视频采集，通过与监控中心的对接，有利于应急调度。

(6) 环保/水利行业无线视频监控。通过安装在环保/水利部分的监管地区的各个监控和监控传感器，将水文、水质等环境状态提供给相关部门，实时监控各流域水质等情况，并通过互联网将监测点的数据报送至相关部门。

(7) 城市应急综合监控平台。结合平安城市建设，通过整合有线、无线等视频监控设备，搭建城市应急平台，实现针对突发事件、重大疫情进行监控和快速反应。

(8) 城建 e 通。在城市建设行业中，充分利用现有的无线通信网络和移动设备的图像采集和无线传输功能，建立移动图像采集系统，把移动性与城建所需的图像采集工作相结合，能够使工作人员高效迅捷地开展工作，对于提高城建工作效率、处理突发性事件、部署应急事件等有着极为重要的意义。

为相关管理人员和工地巡检人员提供移动图像数据采集服务，方便巡检人员工作，改善管理效能，提高工作效率。

4．手机翼卡通

1) 业务介绍

手机翼卡通即利用手机与翼卡通结合，实现各种非接触式刷卡消费或身份认证功能，支持交通(公交、出租、加油)、超市、药店、美容美发、干洗、餐饮、休闲娱乐、文化生活等城市应用，如图 9-2 所示，同时能够支持基于手机 UTK 菜单的远程充值功能。

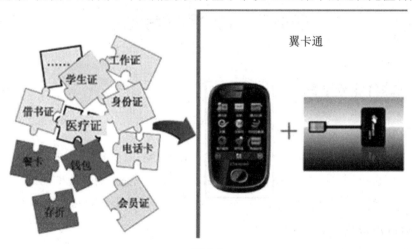

图 9-2

2) 手机翼卡通产品体系

目前手机翼卡通产品体系主要包括校园翼卡通(见图 9-3)、企业翼卡通(见图 9-4)、城市翼卡通(见图 9-5)和行业翼卡通。

图 9-3

图 9-4　　　　　　　　　　　图 9-5

任务二　物联网综合业务

一、物联网综合业务平台

1. 业务介绍

面向物联网、传感网产品的综合业务平台，以及 M2M 应用平台的研究与开发工作。整合多行业的物联网应用，提供电信级的一站式的服务，提供智能化的 M2M 终端、智能化的网络支撑、统一标准的 M2M 运营平台，提供智能化的处理接口，承载行业应用。

2. 物联网综合业务平台产品体系

- 物联网(M2M)平台。
- 智能家居。
- 智能医疗。
- 智能交通。

- 智能农业。
- 电子票务。

3. 系统功能

1) 物联网(M2M)平台

平台面向行业终端提供基于 2G/3G 的数据接入、短信、语音等多种常用接入方式，对每个接入的终端进行认证、鉴权，实时接收并处理由终端上传的状态信息。

通过对行业终端在使用过程中产生的大量历史业务数据、告警数据等进行多维度的统计、分析、挖掘，帮助终端厂家全面了解终端在应用中的情况，为厂家在终端的改进、完善及设计、研发方面提供辅助支持。

平台功能包括：

- 终端接入。
- 终端管理。
- 故障管理。
- 业务管理。
- 业务信息分析。
- 网络信息分析。
- GPSOne 数据分析。

2) 智能家居

"智能家居"(Smart Home)是融合了自动化控制系统、计算机网络系统和网络通讯技术于一体的网络化智能化的家居控制系统。将家中的各种设备(如音视频设备、照明系统、窗帘控制系统、空调系统、安防系统、数字影院系统、网络家电等)通过家庭网络连接到一起。

平台功能包括：

- 全开全关功能：通过一次操作可以全部打开和关闭家里所有的灯光和电器。
- 遥控功能：无线遥控不受任何方向影响，可穿墙、地板及障碍物进行控制。
- 家电控制功能：通过移动控制液晶面板可实现家电的开关功能，还可以实现对电视机、DVD、VCD 的音量、曲目和频道进行调节。
- 灯光调节功能：可实现无级调光，具有记忆功能，营造气氛，省电节能。
- 集中控制功能：一个移动控制液晶面板就可控制全屋灯光和电器，多达 112 个回路。
- 免布线功能：移动控制液晶面板无需布线，可放在家里任何地方。对于已装修好的家庭，只需将原有开关拆下，接上智能接收控制器，无需重新布线，就可以马上控制家中的灯光和电器。

- 免打扰功能：具有锁定作用，锁定后其他地方不能控制该处灯光和电器。
- 定时控制功能：可预设定时控制灯光及电器的开或关，增添更多生活便利及乐趣。
- 电脑网络控制功能：电服通过 Internet 网络可控制灯光和电器。
- 手机上网控制功能：具有上网功能的手机通过 Internet 网络可控制灯光和电器。

3) 智能医疗

系统功能：

- 提供 24 小时远程心电/血压/血氧实时监测服务。
- 提供紧急呼叫救助服务。
- 终生健康档案管理服务。
- 测量结果短信通知亲属服务。
- 家庭定位服务。
- 健康关爱短信。
- 提供用户数据网站查询服务。
- 24 小时咨询热线。

效果图如图 9-6 所示。

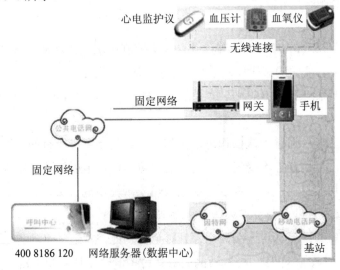

图 9-6

4）智能交通

面向公众的智能交通服务，实现对路况、车流量、公交客运流量的实时监控分析与调度，并面向公众提供相应的查询、订票等服务。

系统功能：

·通过网络平台及手机终端实现公交、地铁、出租、路况实时路线查看，到站时间、空车到达时间、出行线路推荐等服务。

·通过网络平台及手机终端实现长途车票、火车票、飞机票等的实时查询、在线预订、手机支付等功能。

5）智能农业

除了实时采集温室内温度、湿度信号外，还可以扩展采集到光照、土壤温度、CO_2浓度、叶面湿度、露点温度等环境参数，自动开启或者关闭指定设备。可以根据用户需求进行处理。可以实现对设施农业综合生态信息自动监测，对环境进行自动控制和为智能化管理提供科学依据。智能农业效果图如图9-7所示。

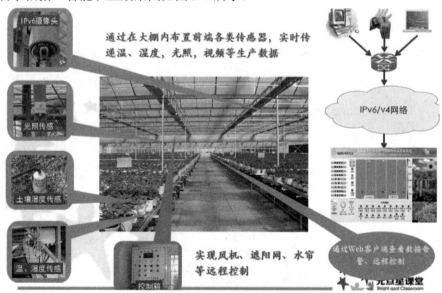

图9-7

6）电子票务

电子门票是二维码应用于手机凭证业务的典型应用，从技术实现的角度，手机凭证业务就是手机+凭证，是以手机为平台、以手机身后的移动网络为媒介，通过特定的技术实现凭证功能的。

行业应用：电影票、火车票、汽车票、机票等票务行业应用。

二、文博导览系统

1．业务介绍

基于无线网络并结合 RFID 技术开发出的一套运行在移动终端的导览系统，该系统在服务器端建立相关导览场景的文字、图片、语音以及视频介绍数据库，以网站的形式提供专门面向移动设备的访问服务。移动设备终端通过其附带的 RFID 读写器，得到相关展品的 EPC 编码后，可以根据用户需要，访问服务器网站并得到该展品的文字、图片语音或者视频介绍等相关数据。

2．文博导览系统产品体系

博物馆导览系统。

3．系统功能

文博导览系统效果图如图 9-8 所示。

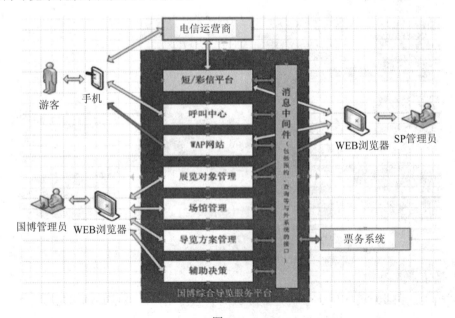

图 9-8

三、数字化城市管理系统(数字城市)

1．业务介绍

利用"数字城市"理论，基于 3S(地理信息系统 GIS、全球定位系统 GPS、遥感系统 RS)等关键技术，深入开发和应用空间信息资源，建设服务于城市规划、城市建设和管理，服务于政府、企业、公众，服务于人口、资源环境、经济社会的可持续发展的信息基础设施和信息系统，即建设空间信息基础设施并在此基础上深度开发和整合应用各种信息资源。

2．数字化城市管理应用体系

·无线数据采集。

·城市应急指挥系统。

3．系统功能

1) 无线数据采集

无线数据采集系统是为信息采集员对现场信息进行快速采集与传送而研发的专用工具。信息采集员使用相应功能的信息采集器在所划分的区域内巡查，将城市部件和城市事件的相关信息报送到监督指挥中心，同时接受监督指挥中心和领导的任务派遣与调度。

无线数据采集系统分为终端应用系统和服务器端应用支撑系统。

主要功能：

·信息采集员巡查发现问题时的问题上报。

·公众举报问题的核实。

·问题处理结果的核查。

·部件信息的普查采集等。

2) 城市应急指挥系统

依托宽带城域网以及无线通讯网络，利用现代通信、计算机网络和科学的软硬件架构，收集各项城市运行指标数据，对这些指标数据进行汇总、统计、分析，为整个城市运行提供"体征"信息，以便准确"把脉"城市运行情况，进行科学决策。基于城市运行体征指标和城市运行重大事件情况，指挥协调各区县和专业部门，应对城市运行中的各种问题。

主要功能：

- 信息采集。
- 信息综合。
- 信息分布。
- 指挥协调。
- 值班管理。
- 运行保障。

附　　录

电子商务理论知识试卷 1

班级_____　　姓名_____　　学号_____　　得分_____

（说明："T"为单选题；"U"为多选题。）

1．电子商务的(　　)是保证计算机自身的可靠性和为系统提供基本安全机制的。T

A．系统软件安全　　　B．系统硬件安全　　　C．运行安全　　　D．安全维护

2．网络交易中心的设立，依据国家相关规定，应该必须具备以下(　　)条件。U

A．是依法设立的企业法人或者事业法人

B．具有固定专业的计算机信息网络

C．具有健全的安全保密管理制度和技术保护措施

D．符合法律和国务院规定的其他条件

3．在通常情况下，(　　)一般用来存放从外存调入的程序和有关数据以及从 CPU 送出的数据。T

A．RAM　　　　　　B．ROM　　　　　　C．CPU　　　　　D．Memory

4．邮件列表(　　)是对列表中信件发送的限制。T

A．名称　　　　　　B．类型　　　　　　C．代码　　　　　D．介绍

5．数字证书又叫做(　　)。U

A．数字凭证　　　　　　　　　　　B．数字标识

C．签名算法标识　　　　　　　　　D．加密文件

6．电子商务的应用将直接拉动(　　)的快速发展。U

A．信息产品制造业　　　　　　　　B．信息服务业

C．现代服务业　　　　　　　　　　D．现代物流业

7. 电子商务的基本组成要素除了包括 Internet 商家外，还包括(　　)。U

A. 公安局　　　　　　B. 海关　　　　C. 物流配送　　　　D. 银行

8. 网络上最适合的营销产品是(　　)。T

A. 化妆品　　　　　　B. 服装　　　　C. 虚拟产品　　　　D. 日用品

9. HTTP 是(　　)。T

A. 超文本标记语言　　　　　　　　B. 超文本传输协议

C. 统一资源定位器　　　　　　　　D. 传输控制协议

10. 按照交易对象，电子商务可分为(　　)。U

A. 企业与消费者之间的电子商务　　B. 企业与企业之间的电子商务

C. 政府与消费者之间的电子商务　　D. 企业与政府方面的电子商务

11. 电子交易合同履行中，电话卡的销售适合采取(　　)的方式。T

A. 在线付款、在线交货　　　　　　B. 在线付款、离线交货

C. 离线付款、在线交货　　　　　　D. 离线付款、离线交货

12. B2B 电子商务的类型包括(　　)。U

A. 为顾客提供在线购物场所的网上商店

B. 非特定企业间的电子商务

C. 特定企业间的电子商务

D. 认证系统

13. 在网络交易的撮合过程中，(　　)是提供身份验证的第三方机构。T

A. 电子银行　　　　　　　　　　　B. 工商行政管理部门

C. 认证中心　　　　　　　　　　　D. 网络交易中心

14. 在网页中，不能创建表格的是(　　)。U

A. 使用命令 create table　　　　　B. 使用[表格]→[插入表格]命令

C. 使用表格绘制工具　　　　　　　D. 使用文字处理程序将常规文本转换为表格

15. 电子邮箱地址的格式是固定的，在全球范围内是(　　)的。T

A. 可变　　　　B. 唯一　　　　C. 不可变　　　　D. 独立

16. 为了防止不确定因素对物流的影响，企业都需要储备(　　)。T

A. 安全库存　　　B. 基本库存　　　C. 补给库存　　　D. 危险库存

17. (　　)是中央处理器的主要技术指标之一，通常人们所说的微机速度就是指它。T

A. 内存　　　　　B. 主频　　　　　C. 中央处理器　　　　D. 主机

18. 在 Microsoft Frontpage 的"站点计数器属性"对话框中可以进行(　　)设置。U

A. 自定义背景图片　　　　　　　　B. 计数器重置为 0

C. 设定数字位数　　　　　　　　　D. 计数器样式

19. (　　)决定每个网络能容纳多少台主机。T

A. 域名　　　　　　　　　　　　　B. IP 地址

C. 主机地址的长度　　　　　　　　D. 网络地址的长度

20. 计算机存储介质按照材质可以分为(　　)。U

A. 光存储器　　　　　　　　　　　B. 磁盘存储器

C. 电子存储器　　　　　　　　　　D. 半导体存储器

21. 光存储器的特点有(　　)。U

A. 数据不易被破坏　　　　　　　　B. 存储时间长

C. 存储容量大　　　　　　　　　　D. 读写速度快

22. 根据数据信息在传输上的传送方向，数据通信方式分为(　　)。U

A. 单工通信　　　　　　　　　　　B. 半双工通信

C. 全双工通信　　　　　　　　　　D. 全单工通信

23. 网络系统中，只有一台中心计算机，其余终端不具备自主处理功能，这种计算机网络属于(　　)。T

A. 国际标准化的计算机网络　　　　B. 多个计算机互联的通信系统

C. 以单机为中心的通信系统　　　　D. 基于 C/S 结构的通信系统

24. 计算机上使用的基本输出设备是(　　)。U

A. 键盘　　　　　B. 鼠标　　　　　C. 显示器　　　　D. 打印机

25. 利用电子邮件营销时，进行文件签名要明确写清楚(　　)。U

A. 公司名称　　　B. 联系电话　　　C. 广告文字　　　D. 联系信箱

26. 网络营销在沟通方式上发生了改变，主要体现在(　　)。U

A. 信息输送的改变　　　　　　　　B. 信息内容的局限性

C. 营销目标　　　　　　　　　　　D. 方便性

27. 内存和 NOR 型闪存的基本存储单位是(　　)。T

A. MB　　　　　　B. Page　　　　　C. Bit　　　　　D. Byte

28. 下列关于防火墙的说法不正确的是(　　)。U

　　A. 要经常升级 　　　　　　　　B. 越多越好，功能不同屏蔽不同的病毒

　　C. 是网络安全的屏障 　　　　　D. 可进行查杀毒

29. (　　)是程序运行时所需要的数据，以及关于程序的设计功能和使用等说明文档的全体。T

　　A. 计算机软件 　　　　　　　　B. 计算机硬件

　　C. 计算机主机 　　　　　　　　D. 计算机网络

30. EDI 标准之一是(　　)。T

　　A. UN/EDIFACT 　　　　　　　B. EDIFACT

　　C. TCP-EDI 　　　　　　　　　D. CA/EDIFACT

31. 把自己的个人站点添加到 IE 浏览器的 Internet 区域，则该站点的默认安全级别为(　　)。T

　　A. 中 　　　　B. 中低 　　　　C. 高 　　　　D. 低

32. 著名的搜索引擎 baidu 通过(　　)到各个网站收集、存储信息，并建立索引数据供用户查询。T

　　A. Meta 技术 　　　　　　　　B. 分类目录

　　C. 自动索引 　　　　　　　　　D. Spider 程序

33. 电子商务安全通常表现在(　　)。U

　　A. 电子商务系统硬件安全 　　　B. 电子商务立法安全

　　C. 对网络病毒的防护 　　　　　D. 对计算机犯罪的防范打击

34. 防止 IE 泄密最有效的配置是对(　　)使用 Active X 控件和 JavaScript 脚本进行控制。T

　　A. Internet 　　　B. cookies 　　　C. 计算机软件 　　　D. IE

35. 为了保证密码的复杂性，不被轻易破译，通常可以(　　)。U

　　A. 不使用自己的姓名和数字 　　　　B. 以自己宠物的名称为密码

　　C. 不使用可轻易获得的个人信息为密码 　　D. 密码与用户名相同

36. 在网页制作中，框架也称为(　　)。T

　　A. 帧 　　　　B. 表格 　　　　C. 表单 　　　　D. 页面

37. 关于企业物流的说法中，正确的是(　　)。U

A．企业物流主要包括生产企业物流和商业企业物流

B．商业企业物流包括商品的进、销、调、存、退各个不同阶段

C．加强对库存商品的合理保管，以降低或避免因管理不善而造成因商品损坏、变质而引起的损失，指的是商品采购物流

D．销售物流使商品的交易活动得以完成，并通过良好的销售活动维系企业与客户的关系，做好客户的售后服务

38．网络消费者第一次在网上购物时一定要(　　)。T

A．进行注册　　　　　　　　　　　　B．输入账号

C．进行电话身份确认　　　　　　　　D．进行电子邮件确认身份

39．在电子商务中，网络交易中心扮演的角色是(　　)。T

A．交易管理者　　　　　　　　　　　B．介绍、促成和组织者

C．中转机构和交易保证部门　　　　　D．中转机构或交易保证部门

40．邮件列表的订阅方式有(　　)。U

A．公开　　　　　B．审批　　　　　C．收费　　　　　D．免费

41．根据中国互联网信息中心 2005 年 1 月发布的第十五次中国互联网发展状况统计分析报告，截止到 2004 年 12 月 31 日，中国上网用户人均拥有 E-mail 账号(　　)。T

A．1 个　　　　　B．2 个　　　　　C．1.5 个　　　D．2.5 个

42．客户办理数字证书前，需要准备好以下(　　)资料。U

A．申请人的身份证及复印件　　　　　B．护照

C．承办人的身份证　　　　　　　　　D．个人证书申请表

43．(　　)只有通过邮件列表管理者批准的信件才能发表。T

A．封闭型邮件列表　　　　　　　　　B．公开型邮件列表

C．管制型邮件列表　　　　　　　　　D．开放型邮件列表

44．数字证书的内部格式是由 ITU X.509 V3 国际标准所规定的，它包含的标准域包括(　　)。U

A．证书版本号　　　　　　　　　　　B．证书有效期

C．用户名称　　　　　　　　　　　　D．用户公钥信息

45．CPM(千人成本)是基于(　　)的网络广告计费方式。T

A．广告效果　　　　　　　　　　　　B．产品知名度

C. 销售额增量　　　　　　　　　　　D. 广告显示次数

46. IAB(美国交互广告署)的网络广告收入报告中将网络广告分为(　　)。U

A. Banner 广告　　　　　　　　　　　B. 赞助式广告

C. 推荐式广告　　　　　　　　　　　　D. 插播式广告

47. 购物搜索引擎的主要功能是(　　)。T

A. 可搜索产品，了解产品说明等信息

B. 不需要浏览器进行搜索

C. 可进行价格比较，对产品和在线商店进行评级

D. 使用垂直主题搜索技术

48. 如果在广告发布期间出现无法连接的故障，应(　　)以免浪费广告费用。T

A. 继续广告播放　　　　　　　　　　　B. 暂停广告播放

C. 关闭站点服务器　　　　　　　　　　D. 启用备用站点服务器

49. 第三代计算机网络是(　　)。T

A. 以单机为中心的通信系统　　　　　　B. 多个计算机互连的通信系统

C. 国际标准化的计算机网络　　　　　　D. 共享系统资源的计算机网络

50. (　　)能够用来编写 HTML 语言。U

A. 记事本　　　　　B. word　　　　　C. Flash Max　　　　　D. 写字板

51. 在(　　)中，企业必须在产品的设计阶段就开始充分考虑消费者的需求与意愿。T

A. 买方市场　　　　B. 全程营销　　　　C. 卖方市场　　　　　D. 营销整合

52. 常用的网络操作系统有(　　)。U

A. Windows NT　　　　B. Net Ware　　　　C. UNIX　　　　　D. MSdos

53. 接入因特网的主要方法有(　　)。U

A. 无线接入　　　　　　　　　　　　　B. 电力线网络

C. ADSL　　　　　　　　　　　　　　D. DDN 专线

54. 采用客户机/服务器模式的服务器模式包括(　　)。U

A. www　　　　　　B. FTP　　　　　C. Http　　　　　D. Gopher

55. 网络购物必须具备人气、交流和信息量三个基本条件，其中(　　)是基础。T

A. 人气　　　　　　B. 交流　　　　　C. 信息量　　　　　D. 交流和信息量

56. 在 Microsoft Frontpage 的格式栏中可以进行段落的(　　)设置。U

A．左对齐　　　　B．右对齐　　　　C．两端对齐　　　D．居中对齐

57．进行网络广告创意及策略选择时，应注意(　　)。U

A．要有明确有力的标题　　　　　　　B．简洁的广告信息

C．发展互动性　　　　　　　　　　　D．合理安排网络广告发布时间

58．从网络商务信息所具有的总体价格水平来看，一般性文章全文检索信息属于(　　)。T

A．免费商务信息　　　　　　　　　　B．收取较低费用的信息

C．收取标准费用的信息　　　　　　　D．优质优价的信息

59．如果是一款女性化妆品的广告，最佳投放网站是(　　)。T

A．华军软件园　　　　　　　　　　　B．IT 世界

C．盛大在线　　　　　　　　　　　　D．TOM 女性

60．以下关于网上单证的描述中不正确的是(　　)。U

A．普通信息交流类网上单证可以收集用户信息和确认用户身份

B．设计网上单证时，要以尽可能多的步骤使得流程更专业更完善

C．多收集注册用户的个人信息，有助于网站更有效地锁定目标客户

D．网上单证格式应力求复杂，包含内容详细，必填项多

61．关于网页上的图像，正确的说法是(　　)。T

A．网页中的图像要和网页保存在同一个文件夹中

B．HTML 语言不可以描述图像上的像素

C．浏览器只支持 JPEG 和 GIF 格式的图像文件

D．HTML 语言不可以描述图像的位置和大小属性

62．旗帜广告促销的特点有(　　)。U

A．集中性　　　　B．易统计性　　　　C．片面性　　　　D．主动性

63．(　　)是一个包含证书持有人、个人信息、公开密钥、证书序号、有效期、发证单位的电子签名等内容的数字文件。T

A．数字证书　　　B．安全证书　　　　C．电子钱包　　　D．数字签名

64．根据网络消费者都是年轻人这一特性，网上销售产品一般要考虑产品的(　　)。T

A．价位　　　　　B．实用性　　　　　C．新颖性　　　　D．颜色

65．按照地址的分类，19.26.46.2 是一个(　　)类 IP 地址。T

A．A　　　　　　B．B　　　　　　C．C　　　　　　　　D．D

66．关于物流管理的目标，下列说法正确的是(　　)。T

A．快速响应关系到企业是否能及时满足客户服务需求的能力

B．快速响应能力把作业重点放在增大货物的储备数量上

C．传统解决故障的办法是建立告诉通道，保证畅通

D．最低库存的目标与库存的周转速度无关

67．防火墙是指两个网络之间执行访问控制策略的一系列部件的组合，下面哪个内容不属于控制策略(　　)。T

A．允许　　　　　　B．拒绝　　　　　C．检测　　　　　D．备份

68．网上单证的注意事项包括(　　)。U

A．不要过多地收集不必要的用户信息　　　B．尽量减少用户的输入操作

C．界面风格要友好　　　　　　　　　　　D．单证格式的简洁

69．传统企业要进行电子商务的运作，重要的是(　　)。T

A．优化企业内部信息管理系统　　　　　　B．优化企业网络结构

C．优化企业信息化程度　　　　　　　　　D．优化企业办公自动化水平

70．在 Microsoft Frontpage 中可能的操作是(　　)。U

A．直接录入文本　　　　　　　　　　　　B．插入已经写好的 Excel 文档

C．插入已经写好的 Word 文档　　　　　　D．修改 Flash 文件

71．使用 OutLook Express 时，如果只能接收邮件，不能发送，则可能(　　)。T

A．密码错误　　　　　　　　　　　　　　B．IP 地址错误

C．SMTP 服务器地址错误　　　　　　　　D．POP3 服务器地址错误

72．国内提供邮件列表服务的著名站点有(　　)。T

A．www.listbot.com　　　　　　　　　　B．www.cn99.com

C．http://server.com　　　　　　　　　　D．www.anova.com

73．个人凭证又称为(　　)。T

A．Personal Digital ID　　　　　　　　　B．Server ID

C．Developer ID　　　　　　　　　　　　D．Digital ID

74．(　　)主要用于网站自身或为第三方客户进行需求调查或收集用户反馈信息。T

A．身份注册类网上单证　　　　　　　　　B．信息交流类网上单证

C.信息发布类网上单证　　　　　　　　D.信息收集类网上单证

75.对于企业来说，建立(　　)是一种必然趋势。T

A.专类销售网络　　　　　　　　　　　B.企业网站

C.黄页形式　　　　　　　　　　　　　D.网络报纸

76.(　　)是企图利用漏洞达到恶意目的的威胁代理。T

A.漏洞　　　　　　B.威胁　　　　　　C.病毒　　　　　　D.攻击

77.(　　)是认证机构中的核心部分，用于认证机构数据、日志和统计信息的存储和管理。T

A.数据库服务器　　　　　　　　　　　B.LDAP 服务器

C.注册机构 RA　　　　　　　　　　　D.安全服务器

78.电子支付方式包括(　　)。U

A.电子货币支付方式　　　　　　　　　B.电子支票支付方式

C.银行卡支付方式　　　　　　　　　　D.电子汇票支付方式

79.关于 JPEG 图像格式文件，正确的说法是(　　)。T

A.在压缩过程中，不会有像素损失　　　B.不支持渐进式压缩

C.在压缩过程中，不会有颜色的损失　　D.最多只能保存 256 种颜色

80.(　　)不属于计算机网络的拓扑结构。T

A.星型　　　　　　　　　　　　　　　B.公用网和专用网

C.环型　　　　　　　　　　　　　　　D.总线型

81.关于 Internet 临时文件夹，以下说法错误的是(　　)。T

A.默认文件夹为 C:\Document and Seting\sys\Temporary Files

B.用户可以自定义文件夹的位置和空间大小

C.Internet 临时文件夹的作用是为方便用户快速访问已访问过的网页

D.删除临时文件夹中的内容，可以释放一部分硬盘空间

82.(　　)是保证联网单位信息系统安全的首要措施。T

A.计算机信息系统国际联网备案制度　　B.计算机机房安全管理制度

C.计算机安全控制制度　　　　　　　　D.计算机信息媒体进出境申报制度

83.在产品选择上，可以将产品划分为(　　)。U

A.标准化产品　　　B.特殊商品　　　　C.个性化商品　　　D.时尚产品

84. 搜索引擎的基本类型有(　　)。U

A. 检索信息　　　　　　　　　　　　　B. 全文检索搜索引擎

C. 分类目录型搜索引擎　　　　　　　　D. 蜘蛛式搜索引擎

85. 在与网站交换链接时，常用的模式有(　　)。U

A. 友情链接　　　　B. 广告交换　　　　C. 有偿广告　　　　D. 行业链接

86. 在实际营销过程中，以竞争对手为主的定价方法主要有(　　)。U

A. 降低竞价对手价格　　　　　　　　　B. 低于竞争对手价格

C. 与竞争对手同价　　　　　　　　　　D. 高于竞争对手价格

87. 目前已经推出的电子货币是以(　　)形式存储在交易卡中以及计算机系统中的。T

A. 数字文件设备　　　　　　　　　　　B. 字符串

C. 二进制数据　　　　　　　　　　　　D. 数字

88. 消费者选择网上购物时考虑的便捷性，以下哪些不是考虑的内容(　　)。U

A. 时间上的便捷性　　　　　　　　　　B. 地点上的便捷性

C. 流程上的便捷性　　　　　　　　　　D. 费用上的节省

89. 信息从发送方传输到接收方，其传输的质量与通信线路的特性有关，这些特性包括(　　)。U

A. 物理特性　　　　B. 地理范围　　　　C. 化学特性　　　　D. 价格

90. 具体来讲，生产企业的物流活动包括(　　)。U

A. 采购物流　　　　B. 厂内物流　　　　C. 销售物流　　　　D. 退货物流

91. 对计算机病毒和危害社会公共安全的其他有害数据的防治研究工作，由(　　)归口管理。T

A. 工商部　　　　B. 安全部　　　　C. 公安部　　　　D. 信息部

92. 信息都是有实效性的，其价值与时间成(　　)。T

A. 正比　　　　B. 不变　　　　C. 反比　　　　D. 级数增长

93. (　　)是保持物质的原有形式和性质，完成商品所有权的转移和空间形式的移位。T

A. 仓储　　　　B. 搬运　　　　C. 流通　　　　D. 运输

94. 第三方物流将能带来(　　)。T

A. 效益价值　　　　B. 行业价值　　　　C. 企业价值　　　　D. 信息价值

95．生成持卡人的数字证书，并将持卡人送来的(　　)放入数字证书中。T

　　A．私有密钥　　　　　B．密钥对　　　　　　C．公开密钥　　　　　D．加密密钥

96．一天或一周中出现不同性质厂商的广告，属于(　　)。T

　　A．定向传播　　　　　B．定时传播　　　　　C．定性传播　　　　　D．定点传播

97．在电子商务概念模型中，(　　)作为链接的纽带，贯穿于电子商务交易的整个过程。T

　　A．物流　　　　　　　B．信息流　　　　　　C．商流　　　　　　　D．资金流

98．世界上第一台电子数字计算机 ENIAC 在(　　)诞生。T

　　A．法国　　　　　　　B．英国　　　　　　　C．美国　　　　　　　D．德国

99．招行网上支付卡的申请方法包括(　　)。U

　　A．代理人申请　　　　B．网上申请　　　　　C．电话银行申请　　　D．柜台申请

100．在下图中"？？？"处应该是(　　)设备。T

　　A．路由器　　　　B．交换机　　　　C．网络中心　　　　D．商家 WWW 服务器

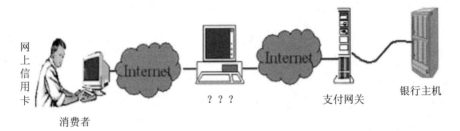

电子商务理论知识试卷 2

班级_____ 姓名_____ 学号_____ 得分_____

(说明:"T"为单选题;"U"为多选题。)

1. 电子商务的基础是商务,业务信息传送的载体是( )。T

A. Intranet   B. Extranet   C. www   D. Internet

2. IE 浏览器把各种 Web 站点分为( )安全区域。U

A. Internet   B. 本地 Intranet   C. 受信任站点   D. 受限制站点

3. 一个好的搜索引擎通常具有以下特点( )。U

A. 支持多种语言搜索   B. 数据库容量大

C. 更新频率、检索速度快   D. 必须支持全文检索

4. 购买网上音乐的交易方式为( )。T

A. 在线支付、在线交货   B. 在线支付、离线交货

C. 离线支付、在线交货   D. 离线支付、离线交货

5. 网络广告的基本目的是( )。U

A. 在网络中树立起企业的形象

B. 吸引客户的点击率,为代发广告的网站增加人气

C. 通过客户的点击,进入指定的页面,从而形成潜在的销售

D. 企业进入网络世界的一种方式

6. 从邮件列表的版面来看,邮件列表格式一般有下列哪两种格式( )。U

A. TXT   B. EXE   C. HTML   D. PDF

7. 在网上支付过程中,商家通过( )与银行网进行联系。T

A. 信用卡网络中心   B. 支付网关

C. 计费网关   D. 信用卡交易中心

8. 下列有关域名的说法正确的是( )。U

A. 域名就是用人性化的名字来表示主机地址

B．一个域名由若干部分组成，各部分用"."分隔，第一部分是顶级域名

C．完成"名字-地址"映射的过程叫做反向解析

D．cn 表示中国

9．下列哪个系统在使用 U 盘时不需要驱动(　　)。T

A．Windows3.2　　　　　B．Windows95　　　　　C．Windows98　　　　　D.Windows2000

10．"一块钱买汽车"属于哪种类型的营销(　　)。T

A．品牌营销　　　　　　B．创意营销　　　　　　C．知识营销　　　　　　D．人气营销

11．网络广告的形式有(　　)。U

A．Banner　　　　　　　B．Button　　　　　　　C．文字链接　　　　　　D．分类广告

12．在进行网络营销时，要注意的礼仪知识包括(　　)。U

A．争取客户的许可，进行许可营销　　　　　B．电子邮件内容要简洁

C．发送电子邮件的频率不宜过于频繁　　　　D．电子邮件要有明确的主题

13．下列说法错误的是(　　)。T

A．internet marketing 是指在 internet 上开展的营销活动

B．net marketing 主要是指网络营销是在虚拟的计算机空间进行运作

C．e-marketing 中的 e 表示电子化、信息化、网络化

D．net marketing 比 internet marketing 所表示的范围大，还包括增值网络 VAN

14．常用的网络协议有(　　)。U

A．TCP　　　　　　　　B．FTP　　　　　　　　C．IPX　　　　　　　　D．SPX

15．网络广告应重点把握的法宝是(　　)。U

A．锁定目标受众　　　　　　　　　　　　　B．实时效果监控

C．选择收费低的网站发布广告　　　　　　　D．做好广告方案

16．按交易对象分，电子商务可分为哪三个类别(　　)。U

A．B2B　　　　　　　　B．P2P　　　　　　　　C．B2C　　　　　　　　D．B2G

17．具有"搜索引擎之上的搜索引擎"之称的是(　　)。T

A．垂直主题搜索引擎　　　　　　　　　　　B．元搜索引擎

C．技术型搜索引擎　　　　　　　　　　　　D．分类目录型搜索引擎

18．网络广告是(　　)广告。T

A．一维　　　　　　　　B．二维　　　　　　　　C．三维　　　　　　　　D．多维

19. 传统信用卡支付与网上银行支付的区别在于(   )。U

A. 前者使用的信息传递通道是专用网，后者是互联网

B. 两者的付款地点不同

C. 买同一种商品，前者不需要支付手续费，而后者需要支付手续费

D. 商品和支付信息采集方式不同

20. 能对计算机硬件、软件资源和数据库资源进行有效管理的是(   )。T

A. 服务程序　　　　　　　　　　B. 数据库管理系统

C. 操作系统　　　　　　　　　　D. 语言处理系统

21. 下列关于因特网的说法正确的是(   )。U

A. 是一个把分布于世界各地不同结构的计算机网络用各种传输介质互相连接起来的网络

B. 采用 TCP/IP 协议

C. 采用 IPX/SPX 协议

D. Internet 的主要功能有文件传输 FTP、远程登录 Telnet、万维网 www、电子邮件 Email

22. 常用的计算机操作系统有(   )。U

A. Windows 系列　　　B. Linux　　　　C. Unix　　　　D. Netware

23. 下列关于内存的说法不正确的是(   )。T

A. 内存由高速的半导体存储器芯片组成

B. 内存是计算机运行过程中永久存放程序和数据的地方

C. 内存也称主存储器

D. 根据其工作方式不同，可分为 RAM 和 ROM

24. 价格也是影响网上消费者购买的主要因素，对于一般商品来说，价格与需求量之间的关系是(   )。T

A. 正比关系，系数为 1　　　　　　B. 正比关系

C. 反比关系　　　　　　　　　　D. 没有关系

25. 下列哪项属于主存储器(   )。T

A. 硬盘　　　　　B. 光盘　　　　C. ROM　　　　D. 软盘

26. 关于网络通信传输介质的说法正确的是(   )。U

A. 分为有线介质和无线介质两大类　　B. 光纤传输属于无线传输

C．无线介质包括微波通信、蜂窝无线通信、卫星通信

D．双绞线和同轴电缆属于有线通信介质

27．如果某一传输介质可以接收从 5 kHz～8 kHz 的频率，那么这一传输介质的带宽为
（　　　）。T

    A．2 kHz　　　　　　　B．3 kHz　　　　　　　C．4 kHz　　　　　　　D．5 kHz

28．下列哪种产品最适合在网上销售（　　　）。T

    A．农机具　　　　　　B．装修材料　　　　　C．报刊杂志　　　　　D．汽车

29．www.sina.com.cn 中 com 表示（　　　）。T

    A．商业网站　　　　　B．政府网站　　　　　C．教育网站　　　　　D．免费网站

30．统一资源定位符的英文缩写是（　　　）。T

    A．www　　　　　　　B．telnet　　　　　　C．FTP　　　　　　　D．URL

31．在 IE 浏览器的主页设置中，主页可以设置为（　　　）。U

    A．当前所打开的网页　　　　　　　　　　B．空白页

    C．微软公司中国版首页　　　　　　　　　D．根据个人喜好的任一网站

32．通信必须具备三个必要条件是（　　　）。U

    A．信源　　　　　　　B．载体　　　　　　　C．交换器　　　　　　D．信宿

33．1 GB =（　　　）KB。T

    A．1000　　　　　　　B．1000*1000　　　　　C．1024　　　　　　　D．1024*1024

34．（　　　）是中央处理器中指令的解释和执行结构。T

    A．运算器　　　　　　B．主频　　　　　　　C．控制器　　　　　　D．存储器

35．企业建立邮件列表的方式有（　　　）。U

    A．使用自己的服务器建立邮件列表

    B．使用网上提供的免费的邮件列表平台

    C．使用竞争对手的服务器建立邮件列表平台

    D．使用关系客户的服务器建立邮件列表平台

36．下列哪项不是电子邮件的特点（　　　）。T

    A．与信件相比速度快得多　　　　　　　　B．可传送多媒体信息

    C．价格低　　　　　　　　　　　　　　　D．一封邮件一次只能发给一个人

37．内存的基本存储单元是（　　　）。T

A．bit　　　　　　B．page　　　　　　C．line　　　　　　D．byte

38．IBS(互联网商务系统)强调的营销方式是(　　)。T

A．依靠网站的内容及设计吸引客户

B．企业主动去找客户

C．通过电子邮件去调查需求信息

D．通过营销人员上门拜访

39．为了便于群发邮件传输，邮件最好控制在(　　)以内。T

A．10 B　　　　　　B．10 K　　　　　　C．10 MB　　　　　　D．10 GB

40．在买卖双方签约、履约过程中扮演监督角色的是(　　)。T

A．认证中心　　　　　　　　　　B．网络交易中心

C．网上银行　　　　　　　　　　D．国家工商行政机关

41．网上虚拟银行的责任和义务包括(　　)。U

A．依照客户的指示，准确、及时地电子资金划拨

B．按客户要求妥当接收所划拨来的资金

C．如果资金划拨未能及时完成，银行有义务返还客户资金，并支付从原定支付日到返还当日的利息

D．在国际贸易中，赔偿由于银行失误而造成的汇率损失

42．下列关于 IP 地址的说法错误的是(　　)。T

A．由网络地址和主机地址两部分组成

B．IP 地址在整个网络中必须是唯一的

C．IP 地址由64个二进制位构成

D．IP 地址是一种标识符，用于标识系统中的某个对象的位置

43．Windows 系列按照软件的分类属于(　　)。T

A．服务器软件　　　　B．应用软件　　　　C．系统软件　　　　D．网络软件

44．EDI 的核心是(　　)。T

A．被处理业务数据格式的国际统一标准

B．计算机系统之间的连接

C．利用电信号传递信息

D．强制执行

45．下列哪种商品最便于使用电子商务方式(　　)。T

A．手工加工的毛衣　　　　　　　　　　B．飞利浦电器

C．海鲜食品　　　　　　　　　　　　　D．建筑材料

46．根据网络消费者都是年轻人这一特性，网上销售产品一般要考虑产品的(　　)。T

A．价位　　　　B．实用性　　　　C．新颖性　　　　D．颜色

47．在网络上提供资源的计算机称为(　　)。T

A．服务器　　　　B．工作站　　　　C．网络操作系统　　　D．网络设备

48．(　　)和(　　)构成计算机硬件系统。T

A．主机、外部设备　　　　　　　　　B．输入设备、操作系统

C．CPU、操作系统　　　　　　　　　D．外部设备、内部设备

49．下列关于存储器的说法正确的是(　　)。U

A．ROM 是只读存储器，占内存的很小一部分

B．RAM 是随机存取存储器

C．人们常说的内存实际上指的是 ROM

D．ROM 一般用来存放一些固定的、专用程序或数据

50．银行卡可以采用下列哪些方式进行支付(　　)。U

A．POS 机结账　　　　　　　　　　B．邮局汇款支付

C．ATM 机提取直接支付　　　　　　D．到网上银行支付

51．下列关于局域网的说法正确的是(　　)。U

A．局域网是一个数据通信系统　　　　B．可连接大量独立设备

C．传输率低　　　　　　　　　　　　D．其传输范围在中等地理区域

52．网上购物的便捷性体现在(　　)。U

A．足不出户就可以选择商品　　　　　B．同类商品种类齐全

C．网上商品非常多　　　　　　　　　D．时间上的便捷性

53．软件可以分为(　　)和(　　)两大类。U

A．系统软件、操作软件　　　　　　　B．系统软件、应用软件

C．应用软件、操作软件　　　　　　　D．应用软件、集成软件

54．影响网络消费者购买商品的主要因素有(　　)。U

A．交易是否安全　　　　　　　　　　B．产品的价格

C. 产品的特性　　　　　　　　　　　D. 购物是否方便

55. 下列哪个存储器最容易被感染病毒(　　　)。T

A. 内存　　　　　　B. VCD　　　　　C. USB 盘　　　　　D. DVD

56. 关于搜索引擎的特点，说法不正确的是(　　　)。T

A. 全文检索引擎的查询结果往往不够准确

B. 分类目录能够提供更为准确的查询结果，但收集的内容却非常有限

C. 垂直主题的搜索引擎具有高度的目标化和专业化的特点

D. 元搜索引擎的查全率和查准率都比较低

57. 被称为微处理器的是(　　　)。T

A. CPU　　　　　　B. ROM　　　　　C. 输入设备　　　　　D. 输出设备

58. 下列说法错误的是(　　　)。T

A. 计算机断电后，ROM 中的数据将完全丢失

B. 辅助存储器称为外存

C. 应用软件包括通用软件和定制软件

D. 显示器是输出设备

59. 进行电子邮件营销时，电子邮件的发送频率应当是(　　　)。T

A. 每周不超过一次　　　　　　　　　B. 每周不超过两次

C. 无所谓　　　　　　　　　　　　　D. 越多越好

60. 计算机系统由(　　)和(　　)组成。T

A. 操作系统、数据库管理系统　　　　B. 硬件系统、软件系统

C. 外部系统、内部系统　　　　　　　D. 语言处理系统、数据库管理系统

61. 数据传输速率是 Modem 的重要技术指标，单位为(　　　)。T

A. b/s　　　　　　B. Bytes/s　　　　C. KB/s　　　　　D. MB/s

62. 下列说法错误的是(　　　)。T

A. 计算机断电后，ROM 中的数据将完全丢失

B. 辅助存储器称为外存

C. 应用软件包括通用软件和定制软件

D. 显示器是输出设备

63. Windows 系列按照软件的分类属于(　　　)。T

A．服务器软件　　　　　　　　　　　B．应用软件

C．系统软件　　　　　　　　　　　　D．网络软件

64．数据信息可以双向传输，但必须交替进行，这种通信方式称之为(　　)。T

　　A．单工通信　　　　　　　　　　　B．半双工通信

　　C．全双工通信　　　　　　　　　　D．半单工通信

65．若主机之间没有主从关系，网络中的多个用户可以共享计算机网络中的软、硬件资源，则这种计算机网络属于(　　)。T

　　A．国际标准化的计算机网络　　　　B．多个计算机互联的通信系统

　　C．以单机为中心的通信系统　　　　D．基于 C/S 结构的通信系统

66．www.sina.com.cn 中 com 表示(　　)。T

　　A．商业网站　　　　　　　　　　　B．政府网站

　　C．教育机构　　　　　　　　　　　D．免费网站

67．消费者与消费者之间的电子商务，是指(　　)电子商务。T

　　A．B2C　　　　B．B2B　　　　C．G2G　　　　D．C2C

68．EDI 的核心是(　　)。T

　　A．被处理业务数据格式的国际统一标准

　　B．计算机系统之间的连接

　　C．利用电信号传递信息

　　D．强制执行

69．在电子商务交易的整个过程中，(　　)起着串联和监控作用。T

　　A．物流　　　　B．资金流　　　　C．商流　　　　D．信息流

70．(　　)是指通过银行卡或信用卡完成支付，使用该方式付款已经成为电子商务的主流。T

　　A．送货上门付款　　　　　　　　　B．汇款

　　C．电子支付　　　　　　　　　　　D．转账支付

71．(　　)是指利用网络互动性的特征，根据消费者对产品外观颜色等方面的具体需要，来确定商品价格的一种策略。T

　　A．个性化定价策略　　　　　　　　B．自动调价策略

　　C．声誉定价策略　　　　　　　　　D．网络促销定价策略

72. 网络购物必须具备人气、交流和信息量三个基本条件，其中( )是基础。T

A．人气　　　　B．交流　　　　C．信息量　　　　D．交流和信息量

73. ( )是以互联网络为媒体，以新的方式、方法和理念实施营销活动，更有效促成个人和组织交易活动的实现。T

A．市场营销　　B．网络营销　　C．市场战略　　D．产品战略

74. 由于网络营销的双向互动性，使网络里的交易真正实现了( )。T

A．买方市场　　B．全程营销　　C．卖方市场　　D．营销整合

75. ( )是指利用交通工具一次向多个目的地短距离地运送少量货物的移动。T

A．输送　　　　B．运输　　　　C．配送　　　　D．物流

76. 在电子商务的概念模型中，强调信息流、商流、资金流和物流的整合，其中( )作为连接的纽带贯穿于电子商务交易的整个过程中，在起着串联和监控的作用。T

A．信息流　　　B．商流　　　　C．资金流　　　D．物流

77. 关于第三方物流，下列说法错误的是( )。T

A．第三方物流把原来属于自己处理的物流活动以合同方式委托给专业物流服务企业

B．通过信息系统与物流服务企业保持密切联系

C．第三方物流又称为合同制物流

D．第三方物流又称为委托物流

78. 电子商务中的网上交易，以( )为最后一个环节。T

A．物流　　　　B．信息流　　　C．商流　　　　D．资金流

79. 物流通过( )调节解决货物的需求和供给之间的时间差。T

A．运输　　　　B．存储　　　　C．包装　　　　D．搬运装卸

80. 对计算机病毒和危害社会公共安全的其他有害数据的防治研究工作，由( )归口管理。T

A．工商部　　　B．安全部　　　C．司法部　　　D．公安部

81. ( )是指软件、硬件或策略上的缺陷，这种缺陷导致非法用户未经授权而获得访问系统的权限或提高权限。T

A．漏洞　　　　B．威胁　　　　C．病毒　　　　D．攻击

82. ( )是指保护软件和数据不被篡改、破坏和非法复制。T

A．系统防护安全　　　　　　　B．系统运行安全

C．系统硬件安全　　　　　　　　　　　D．系统软件安全

83．典型的电子商务支付形式应该是(　　)。T

A．银行转账　　　　　B．电话支付　　　C．货到付款　　　D．网上支付

84．下面(　　)不属于电子商务认证机构对登记者履行的监督管理职责。　T

A．监督登记者按照规定办理登记、变更、注销手续

B．监督登记者按照电子商务的有关法律法规合法从事经营活动

C．监督登记者按照电子商务的有关法律法规依法纳税

D．制止和查处登记人的违法交易活动，保护交易人的合法权益

85．在电子交易的合同履行中，数字音乐的销售适合采取(　　)的方式。T

A．在线付款，在线交货　　　　　　　　B．在线付款，离线交货

C．离线付款，在线交货　　　　　　　　D．离线付款，离线交货

86．下列关于网页中使用图像的原则，错误的说法是(　　)。T

A．在保证所需的清晰度的情况下，尽量压缩图像的大小

B．使用尽量少的颜色，因为图像的颜色种类越多，下载的时间越长

C．采用分割图像的方法把大的图像分割成几小块，同时下载

D．除了彩色照片和高色彩图像以外，尽量使用 JPEG 格式图像

87．下列关于图像热点的说法中，正确的是(　　)。T

A．热点是一个点　　　　　　　　B．热点可以是任意的形状

C．一幅图像上只能应用一个热点　　D．热点不能作为超链接的载体

88．在 Microsoft FrontPage 的"水平线属性"对话框中不能进行(　　)设置。T

A．颜色　　　　　B．高度　　　　C．对齐方式　　　　D．超链接

89．下列关于网页中表格的说法不正确的是(　　)。　T

A．表格中既可以输入文字，也可以插入图片

B．橡皮工具既可以擦除表格内部的线条，也可以擦掉表格的外框

C．利用表格可以将网页内容定位，产生非对称效果

D．设置表格属性的具体操作为"表格"→"属性"→"表格"

90．在框架属性对话框中不可以进行的设置是(　　)。　T

A．框架的大小　　　　　　　　　　　B．框架的色彩

C．框架的名称　　　　　　　　　　　D．该框架初始页面的设置

91. 在 Microsoft FrontPage 中，选择需要合并的若干单元格后，（　　），不能合并单元格。T

A. 右击该若干单元格，在快捷菜单中选择"合并单元格"

B. 单击"表格"→"合并单元格"

C. 单击"表格"→"删除单元格"

D. 单击表格工具栏上的"合并单元格"按钮

92. 在 Internet Explorer 中设置 Internet 选项，如果将主页设置为默认页，则启动浏览器时最先打开的起始页是（　　）。T

A. 空白页　　　　　　　　　　　B. Intel 公司主页

C. Microsoft 公司主页　　　　　D. 用户个人主页

93. 检索其他目录检索网点的搜索引擎叫做（　　）。T

A. 索引检索引擎　　　　　　　　B. 目录检索引擎

C. Spider 搜索引擎　　　　　　　D. 元搜索引擎

94. 在保存主页过程中，存为网页和存为 Web 档案的区别在于（　　）。T

A. 所有文档是否保存在单一文件夹中

B. 是否保存图像

C. 是否保存声音

D. 保存为 Web 档案只能看到文字

95. （　　）是经各种交流传递的方式，如口头传递、新闻发布等，将信息迅速扩散开去。T

A. 网络社区营销　　　　　　　　B. 病毒性营销

C. 广播式营销　　　　　　　　　D. 大众营销

96. 下列哪项不是电子邮件的特点（　　）。T

A. 与信件相比，速度快得多　　　B. 可传送多媒体信息

C. 价格低　　　　　　　　　　　D. 一封邮件一次只能发给一人

97. （　　）要经过邮件列表管理者批准之后信件才能发表，如产品信息发布、电子杂志等。T

A. 公开型邮件列表　　　　　　　B. 封闭型邮件列表

C. 自由型邮件列表　　　　　　　D. 管制型邮件列表

98. (　　　)是一种通过电子邮件进行专题信息交流的网络服务，用于各种群体之间的信息交流和信息发布。T

A．邮件列表　　　　B．黄页目录　　　　C．网站论坛　　　　D．博客营销

99．邮件列表(　　　)是对列表中信件发送的限制。T

A．名称　　　　　　B．类型　　　　　　C．代码　　　　　　D．介绍

100．利用(　　　)，可以明确公司名称、地址、联系电话、联系信箱及展示公司文化形象的简要信息。　T

A．电子邮件　　　　B．签名文件　　　　C．署名文件　　　　D．公司论坛

电子商务理论知识试卷 3

班级_____　　姓名_____　　学号_____　　得分_____

（说明："T"为单选题；"U"为多选题。）

1．下列有关密码的说法正确的是(　　)。U

A．密码是由一串字符组成的，用来保护用户的信息

B．密码泄漏一般分两种情况，一种是窃取密码，另一种是别人试出了你的密码

C．在密码算法的函数 C=F(M，Key)中，Key 是欲加密的字符

D．暴力解密的缺点就是耗时过多

2．电子邮件列表中"列表介绍"的部分的长度不得超过(　　)个字符。T

A．256　　　　　　B．254　　　　　　C．252　　　　　　D．250

3．下列关于框架的说法不正确的是(　　)。T

A．框架也称帧

B．框架是能独立变化和滚动的小窗口，可以独立显示一个网页

C．取消框架之间的边框，就不能再保持网页的完整性了

D．每个框架都有自己独立的网页文件，其内容不会因另外框架内容的改变而改变

4．在网页设计中，为了保护网页的传输速度，通常一个页面的内容不超过(　　)。T

A．100 B　　　　　　B．100 KB　　　　　　C．100 MB　　　　　　D．100 GB

5．防火墙有哪些作用(　　)。U

A．提高计算机主机系统总体的安全性　　　　　B 提高网络的速度

C．控制对网点系统的访问　　　　　　　　　　D．数据加密

6．企业加入互联网，在网上建立贸易网络的途径有(　　)。U

A．通过 E-mail 与全球各地的厂家联系　　　　B．架设独立的网站

C．建立自己的 homepage　　　　　　　　　　D．建立企业的 IBS

7．在买卖双方进行电子方式签约过程中扮演确认双方身份角色的是(　　)。T

A．电子认证中心　　　　　　　　　　　　　　B．网络交易中心

C．网上银行　　　　　　　　　　　　　　D．国家工商行政机关

8．EDI 的核心是(　　　)。T

A．被处理业务数据格式的国际统一标准　　B．计算机系统之间的连接

C．利用电信号传递信息　　　　　　　　　D．强制执行

9．WWW 客户端程序在 Internet 上被称为(　　　)。T

A．客户机　　　　　B．服务器　　　　　C．览器　　　　　D．FIP

10．下列哪项是网络商务信息收集的原则(　　　)。T

A．信息要准确　　　　　　　　　　　　　B．追求经济效益

C．信息要有针对性　　　　　　　　　　　D．信息要有时效性

11．互联网的出现使传统的单向信息沟通式转变为(　　　)营销信息沟通模式。T

A．交流式　　　　　B．交互式　　　　　C．主动式　　　　　D．被动式

12．一个完整的企业网络商务信息收集系统包括(　　　)。U

A．先进的网络检索设备　　　　　　　　　B．科学的信息收集方法

C．业务精通的网络信息检索员　　　　　　D．存放检索信息的数据库

13．Internet 主要提供的服务有(　　　)。U

A．WWW　　　　　　B．FTP　　　　　　C．Telnet　　　　　D．E-mail

14．需要发送大批邮件时最好使用(　　　)。T

A．BBS　　　　　　　　　　　　　　　　B．邮件列表

C．电子通讯录　　　　　　　　　　　　　D．以分号隔开各电子邮件地址

15．关于第三方物流的说法正确的是(　　　)。U

A．第三方物流称为合同制物流

B．提供第三方物流的企业拥有自己的商品，参与商品的买卖过程

C．提供第三方物流的企业提供系列化、个性化的物流代理服务

D．第三方物流的目的是满足顾客需要

16．供应链管理的主要领域包括(　　　)。U

A．供应(Supply)　　　　　　　　　　　　B．生产计划(Schedule　Plan)

C．物流(Logistics)　　　　　　　　　　　D．需求(Demand)

17．IAB(美国交互广告署)的网络广告收入报告中将网络广告分为下列哪几种形式
(　　　)。U

A．Banner 广告　　　　B．赞助式广告　　　　C．分类广告　　　　D．推荐式广告

18．通信必须具有的必要条件有(　　)。U

A．信源　　　　　　　B．载体　　　　　　　C．交换器　　　　　D．信宿

19．网络广告的优点在于(　　)。U

A．网络广告是多维广告　　　　　　　　B．网络广告可以跟踪和衡量广告效果

C．网络广告的投放具有针对性　　　　　D．网络广告拥有最有活力的消费群体

20．现代物流不包含哪种(　　)。T

A．生产企业物流　　　　　　　　　　　B．工业物流

C．商业企业物流　　　　　　　　　　　D．配送中心物流

21．局域网的基本特点有(　　)。U

A．联网范围小　　　B．传输速度高　　　C．误码率高　　　　D．误码率低

22．购买网上音乐文件的交易方式属于(　　)。T

A．在线付款，在线交货　　　　　　　　B．在线付款，离线交货

C．离线付款，在线交货　　　　　　　　D．离线付款，离线交货

23．(　　)是以互联网为媒体，以新的方式、方法和理念实施营销活动，更有效促成个人和组织交易活动的实现。T

A．市场营销　　　　B．网络营销　　　　C．市场战略　　　　D．产品战略

24．下列英汉对译错误的是(　　)。T

A．EDI 电子银行　　　　　　　　　　　B．encrypt 加密

C．E-procuremnt 电子采购　　　　　　　D．extranet 外联网

25．影响网络消费者购买的主要因素包括(　　)。U

A．产品的特性　　　　　　　　　　　　B．产品的价格

C．网络购买的安全性　　　　　　　　　D．购物是否方便

26．下面哪一项是系统软件(　　)。T

A．WPS　　　　　　　　　　　　　　　B．Windows 98

C．Microsoft Word　　　　　　　　　　　D．Microsoft Excel

27．IE 浏览器的主页设置中的"使用默认页"，默认页为(　　)。T

A．http://www.sina.com.cn　　　　　　　B．http://www.163.com

C．http://www.Microsoft.com.cn　　　　　D．http://yahoo.com.cn

28．电子邮件地址的一般形式是(　　)。T

A．用户名@ 域名　　　　　　　　B．域名用@ 户名

C．IP 地址@ 域名　　　　　　　　D．用户账号@ 域名

29．下列关于超链接的说法错误的是(　　)。T

A．超链接表示两个对象之间的一种联系

B．超链接的外观载体可以是图像，也可以是文字

C．超链接的链接的链接目标只能在本站中

D．超链接既可以反映网页内部各个位置的联系，也可以反映网页之间的联系

30．(　　)是一个包含证书持有人、个人信息、公开密钥、证书序号有效期、发证单位的电子签名等内容的数字文件。T

A．身份证　　　　B．企业认证　　　　C．数字证书　　　　D．认证中心

31．下列关于计算机病毒的说法错误的是(　　)。T

A．文件型病毒主要以感染文件扩展名为.com、.exe 和 ovl 等可执行为文件为主

B．蠕虫病毒是一种网络病毒

C．按病毒所依赖的操作系统分，可以分为文件型病毒、混合型号病毒和引导型病毒

D．计算机病毒具有一定的可触发性

32．如果某一传输介质可接收从 5 kHz～8 kHz 的频率，那么这一传输介质的带宽为(　　)。T

A．2 kHz　　　　B．3 kHz　　　　C．4 kHz　　　　D．5 kHz

33．电子商务的任何一笔交易都包括(　　)等基本流的流动。U

A．物流　　　　B．资金流　　　　C．信息流　　　　D．人才流动

34．在域名标识中，用来标识政府组织的代码是(　　)。T

A．com　　　　B．gov　　　　C．mil　　　　D．org

35．(　　)是指两个网络之间执行访问控制策略(允许、拒绝、检测)的一系列部件的组合，包括硬件和软件，目的是保护网络不被他人侵扰。T

A．防火墙　　　　B．杀毒工具　　　　C．路由器　　　　D．集线器

36．对于群发邮件，为了便于传输，邮件最好控制在(　　)以内。T

A．5K　　　　B．10K　　　　C．15K　　　　D．20K

37．下列关于 CA 所发放的证书说法不正确的是(　　)。T

A. 分为 SSL 证书和 SET 证书两大类

B. SET 证书是服务于持卡消费、网上购物的

C. SSL 证书是服务于银行对企业或企业对企业的电子商务活动的

D. SET 证书的作用是通过公开密钥证明持证人身份的

38. 存储器的容量以( )为单位。T

A. bit B. page C. line D. byte

39. 网页是 WWW 的基本文档，它主要是用( )编写的。T

A. VB B. JAVA C. HTML D. QBACIC

40. BBS 常用的功能包括( )。U

A. 阅读文章 B. 发表文章 C. 群发邮件 D. 交流聊天

41. 建立互换链接时应注意哪些问题( )。U

A. 不要链接无关的网站 B. 尽量使用文字链接

C. 不要出现错误的或无效的链接 D. 互换链接越少越好

42. 主要利用 MOS 管等介质来存储数据的存储器是( )。T

A. 磁盘存储器 B. 导体存储器

C. 半导体存储器 D. 光存储器

43. 1 GB = ( ) MB T

A. 1000 B. 1000*1000 C. 1024 D. 1024*1024

44. 网络营销将导致区域间商品价格差距水平( )。T

A. 增大 B. 缩小 C. 不变 D. 没有影响

45. 下列关于 IP 地址的说法错误的是( )。T

A. 由网络地址和主机地址两部分组成

B. IP 地址在整个网络中必须是唯一的

C. IP 地址由 64 个二进制位构成

D. IP 地址是一种标识符，用于标识系统中的某个对象的位置

46. 物流企业的服务带来的好处有( )。U

A. 企业与客户结成双赢战略伙伴 B. 使客户产品迅速进入市场

C. 给竞争企业造成沉重打击 D. 给企业带来稳定的资源和效益

47. 下列关于 CA 的说法不正确的是( )。T

A．CA 是一个负责发放和管理数字证书的权威机构

B．CA 服务器是整个证书机构的核心

C．CA 发放的证书分为 SSL 和 SET 两类

D．CA 证书一经发放，终身有效，没有所谓的有效期

48．关于 JPG 格式和 GIF 格式说法正确的是(　　)。U

A．JPG 格式是照片和连续色调图像的文件格式

B．GIF 格式支持渐近式压缩

C．JPG 常用于矢量图的转存

D．JPG 支持 24 位全彩色

49．下列三种存储工具，按容易感染病毒的难易度从小到大排列正确的是(　　)。T

A．光盘　　U 盘　　硬盘　　　　　　B．硬盘　　　U 盘　　　光盘

C．U 盘　　硬盘　　光盘　　　　　　D．光盘　　　硬盘　　　U 盘

50．电子邮件的特点包括(　　)。U

A．价格低　　　　　　　　　　　B．可以将同一邮件同时发送给多个人

C．速度快　　　　　　　　　　　D．可传送多媒体信息

51．下列哪些是图像文本的格式(　　)。U

A．JPG　　　　　　B．PDF　　　　　　C．SWF　　　　　　D．GIF

52．下列关于电子邮件的说法正确的是(　　)。U

A．电子邮件地址的格式是固定的，并在全世界范围内是唯一的

B．xiaohong@buu.com.cn 中用户名为"buu.com..cn"，主机名为"xiaohong"

C．电子邮箱是在互联网服务商的 E-mail 服务器上为用户开辟出一块专用的磁盘空
　　间，用来存放用户的电子邮件文件

D．电子邮件的英文是 Electronic Mail

53．常用的网络协议有(　　)。U

A．TCP　　　　　　B．FTP　　　　　　C．IPX　　　　　　D．SPX

54．下列关于电子邮件的说法不正确的是(　　)。T

A．ISP 的邮件服务器负责接收和发送电子邮件

B．收件人计算机只要不打开就收不到邮件

C．如果不能接收邮件，可能是 POP3 服务器地址错误

D．如果不能发送邮件，可能是 SMTP 服务器地址错误

55．网络广告是(　　)广告。T

A．一维　　　　　　B．二维　　　　　　C．三维　　　　　　D．多维

56．下列表示存储容量的数据中，最小的一个是(　　)。T

A．1 MB　　　　　　B．1 KB　　　　　　C．1 GB　　　　　　D．1 TB

57．从邮件列表的版面来看，邮件列表的格式一般有哪几种格式(　　)。U

A．TXT　　　　　　B．EXE　　　　　　C．HTML　　　　　　D．PDF

58．WinRAR 工具的功能有(　　)。U

A．解压 RAR、ZIP、ARJ、CAB 格式的文件　　　　B．分卷压缩

C．将压缩文档转化为自解压文档　　　　　　　　　D．文件加密

59．下列关于数据传输速率的说法错误的是(　　)。T

A．是数据通信系统的重要技术指标

B．指单位时间内传输的信息量

C．其单位是 bit

D．在使用模拟信道进行数据传输时，要采用调制解调器技术

60．U 盘属于哪类存储器(　　)。T

A．磁盘存储器　　　　　　　　　　　　B．导体存储器

C．半导体存储器　　　　　　　　　　　D．光存储器

61．影响网上销费者购买的主要因素不包括(　　)。T

A．产品的特性　　　　　　　　　　　　B．网上购物的安全性

C．产品的体积和重量　　　　　　　　　D．购物是否便捷

62．IBS(Intermet Business System 互联网商务系统)包括哪些系统模块(　　)。U

A．产品展示子系统　　　　　　　　　　B．产品销售子系统

C．产品售后服务子系统　　　　　　　　D．用户反馈子系统

63．对于群发软件中的 BCC/CC 功能，如果 BCC 值设为 5，那么群发的速度是不设置时的(　　)倍。T

A．4　　　　　　　　B．5　　　　　　　　C．6　　　　　　　　D．不确定

64．在框架属性对话框中不可以进行设置的是(　　)。T

A．该框架初始页面的设置　　　　　　　B．框架的大小

C. 框架的色彩　　　　　　　　　　　　D. 框架的名称

65. TMS 的中文含义是(　　　)。T

A. 美国交互广告署　　　　　　　　　　B. 邮件列表

C. 全球邮件特快专递　　　　　　　　　D. 电子公告牌

66. GateWay 的中文意思是(　　　)。T

A. 网关　　　　　　　　　　　　　　　B. 服务器

C. 电子邮件系统　　　　　　　　　　　D. 网络中心

67. 网站推广是网络营销的主要任务，在互联网上直接进行网站推广常用的方法有(　　　)。U

A. 在搜索引擎上登记

B. 在网站上添加邮件列表功能

C. 在网站上设置特殊按钮，如"推荐给朋友"等

D. 病毒性营销

68. 传统信用卡支付与网上银行支付的区别在于(　　　)。U

A. 前者使用的信息传递通道是专用网，后者是互联网

B. 两者的付款地点不同

C. 买同一种商品，前者不需要支付手续费，而后者需要支付手续费

D. 商品和支付信息采集方式不同

69. 在网页中使用动画，最常用的格式是(　　　)。T

A. JPG　　　　　　B. GIF　　　　　　C. TIF　　　　　　D. BMP

70. 网络广告计价方法的两种模式是(　　　)。U

A. 基本广告显示次数的"千人成本法"

B. 基本广告所产生效果的"每点击成本法"

C. 基本广告所占面积大小的"面积成本法"

D. 基本广告所显示位置的"等级计费法"

71. 常用的压缩与解压缩软件有(　　　)。U

A. WinZip　　　　　B. WinRAR　　　　C. TurboZIP　　　　D. ARJ

72. 网页的后缀名为(　　　)。T

A. .exe　　　　　　B. .html　　　　　C. .swf　　　　　　D. .jpg

73. 数字证书可在以下哪些方面用到( )。U

A．网上办公 　　　　　　　　　　B．安全电子邮件

C．网上交易 　　　　　　　　　　D．网上招标

74. 一般商业银行网上支付卡的申请方式有( )。U

A．柜台申请 　　　　　　　　　　B．电话银行申请

C．业务员上门申请 　　　　　　　D．网上申请

75. 搜索引擎的作用包括( )。U

A．可以推广网站和产品 　　　　　B．已经成为一种网络广告媒体

C．可以作为在线市场调研的工具 　D．是一个互联网信息检索工具

76. 按交易对象分，电子商务可以分为哪几种类型( )。U

A．B2B 　　　　B．P2P 　　　　C．B2C 　　　　D．B2G

77. 下列哪个网站的搜索引擎提供全文搜索服务( )。T

A．新浪 　　　　B．搜狐 　　　　C．雅虎 　　　　D．Google

78. 下列哪项属于公开型邮件列表( )。T

A．同学通讯录 　　　　　　　　　B．产品信息发布邮件列表

C．电子杂志 　　　　　　　　　　D．论坛

79. 电子商务企业主要利用( )发布产品信息和接受订单。T

A．网络站点 　　　B．电视 　　　C．展示会 　　　D．网络广告

80. 典型的电子支付方式不包括( )。T

A．电子货币支付方式 　　　　　　B．银行卡支付方式

C．电子汇票支付方式 　　　　　　D．电子支票支付方式

81. 数字证书的三种类型中不包括( )。T

A．个人凭证 　　　B．企业凭证 　　C．个体凭证 　　D．软件凭证

82. 计算机网络按分布距离可以分为( )。U

A．LAN 　　　　B．WLAN 　　　C．WAN 　　　D．MAN

83. 下列哪些具有存储功能( )。U

A．ZIP驱动器 　　B．ROM 　　　C．闪存 　　　D．LS-120

84. 下列关于网页中表格的说法不正确的是( )。T

A．表格中既可以输入文字，也可以插入图片

B. 橡皮工具既可以擦除表格内部的线条，也可以擦掉表格的外框

C. 表格可以将网页内容定位，产生非对称效果

D. 表格属性的具体操作为："表格"——"属性"——"表格"

85.（　　）和（　　）构成计算机硬件系统。T

A. 主机、外部设备　　　　　　　　　　　　　B. 输入设备、操作系统

C. CPU、操作系统　　　　　　　　　　　　　D. 外部设备、内部设备

86. 经济活动的主要构成是（　　）。T

A. 商品的消费和配给　　　　　　　　　　　　B. 商品的运输和消费

C. 商品的运输和配给　　　　　　　　　　　　D. 商品的生产和消费

87.（　　）是指通过银行卡或信用卡完成支付，使用该方式付款已经成为电子商务的主流。T

A. 送货上门付款　　　　　　　　　　　　　　B. 汇款

C. 电子支付　　　　　　　　　　　　　　　　D. 转账支付

88. 网上广告应该着重把握（　　）。U

A. 锁定目标客户　　　　　　　　　　　　　　B. 选定好合适的媒体

C. 做好广告文案　　　　　　　　　　　　　　D. 实时效果监控

89. 下列关于内存的说法不正确的是（　　）。T

A. 内存由高速的半导体存储器芯片组成

B. 是计算机运行过程中永久存放程序和数据的地方

C. 内存也称主存储器

D. 根据其工作方式的不同，可分为 RAM 和 ROM

90. 网页设计的一般原则为（　　）。U

A. 合理使用视觉效果　　　　　　　　　　　　B. 页面风格要统一

C. 页面要易读、易懂　　　　　　　　　　　　D. 慎用 JAVA 程序

91.（　　）是超文本传输协议。T

A. HTTP　　　　　　　B. FTP　　　　　　　C. URL　　　　　　　D. Telnet

92. 如果你想在网络上发布广告，应遵循哪些基本原则（　　）。U

A. 广告站点必须有比较高的流量

B. 选择服务器可靠的站点

C. 访问者必须与潜在客户有一定的关联

D. 站点要能够提供广告播放的详细报告

93. 下列关于物流的说法正确的是(　　)。U

A. 适当安排物流据点，提高配送效率，保持适当库存

B. 在运输、保管、搬运、包装、流通加工方面，实现省力化、合理化

C. 尽可能使从接受商品的订单到发货、配送等过程的信息通畅

D. 尽可能使物流的成本最小

94. Internet Explorer 把各种 Web 站点分成(　　)种安全区域，并把各个区域分别指定不同的安全等级。T

A. 3　　　　　　　　　B. 4　　　　　　　　C. 5　　　　　　　　D. 6

95. 网络广告最大的优点是(　　)。T

A. 互动性　　　　　　　　　　　　　B. 价格低

C. 点击率高　　　　　　　　　　　　D. 目标客户是思想较为开放的年轻人

96. 在网络上提供资源的计算机称为(　　)。T

A. 服务器　　　　　　　　　　　　　B. 工作站

C. 网络操作系统　　　　　　　　　　D. 网络设备

97. 企业物流的内容包括(　　)。U

A. 采购物流　　　　　　　　　　　　B. 厂内物流

C. 退货物流　　　　　　　　　　　　D. 废弃物回收物流

98. 对于 E-mail 营销来说，建立邮件列表的意义在于(　　)。U

A. 便于迅速降低所出售产品的价格　　B. 便于销售产品

C. 便于与客户联系　　　　　　　　　D. 便于推广网站

99. 邮件列表(　　)是对列表中信件发送的限制。T

A. 名称　　　　　　B. 类型　　　　　　C. 代码　　　　　　D. 介绍

100. 利用(　　)，可以明确公司名称、地址、联系电话、联系邮箱及展示公司文化形象的简要信息。T

A. 电子邮件　　　　B. 签名文件　　　　C. 署名文件　　　　D. 公司论坛

电子商务理论知识试卷 4

班级_____　　姓名_____　　学号_____　　得分_____

（说明："T"为单选题；"U"为多选题。）

1. 保存框架网页的两种方式为(　　)。U

A. 保存文件，保存整个框架页以及每个框架中的网页

B. 保存网页，只保存当前所选框架中的网页

C. 保存框架，只保存框架结构而不保存网页内容

D. 保存图像，只保存当前所选框架中的图像

2. 下列哪项表示广域网(　　)。T

A. WLAN　　　　　　B. WAN　　　　　　C. MAN　　　　　　D. LAN

3. 目前已经推出的电子商务支付方式是以(　　)为基础的。T

A. 数字文件设备　　　　　　　　　B. 商用电子化网络

C. 金融电子化网络　　　　　　　　D. 开放支付网络

4. (　　)是一个包含证书持有人、个人信息、公开密钥、证书序列号有效期、发证单位的电子签名等内容的数字文件。T

A. 身份证　　　　　B. 企业认证　　　　C. 数字证书　　　D. 认证中心

5. 下面关于病毒的说法正确的是(　　)。U

A. 所有的病毒都是有害的

B. 蠕虫病毒是一种网络病毒

C. 病毒具有可触发性

D. 一般计算机上的文件很多，病毒的种类也会很多

6. 邮件列表的(　　)是对列表中信件发送的限制。 T

A. 名称　　　　　　B. 类型　　　　　　C. 代码　　　　　　　D. 介绍

7. 下列关于网上单证的说法不正确的是(　　)。T

A．网上单证的设计要简洁

B．网上单证的流程最好不要轻易改变，其原因是客户已经熟悉了该流程

C．网上单证的风格要统一

D．网上单证的内容不要过多涉及个人隐私

8．网络广告最大的优点是(　　)。T

A．互动性强　　　　　　　　　　B．传播范围固定

C．点击率高　　　　　　　　　　D．目标客户是思想较为开放的年轻人

9．防火墙的作用有(　　)。U

A．提高计算机主机系统总体的安全性

B．提高网络的速度

C．控制对网点系统的访问

D．数据加密

10．(　　)是恶意的威胁代理。U

A．特洛伊木马　　B．邮件炸弹　　　　C．攻击者　　　　D．蠕虫病毒

11．关于搜索引擎的特点，说法正确的是(　　)。U

A．全文搜索引擎的查询结果往往不够准确

B．分类目录能够提供更为准确的查询结果，但收集的结果却非常有限

C．垂直主题的搜索引擎具有高度的目标化和专业化的特点

D．元搜索引擎的查全率和查准率都比较低

12．电子商务中的物流类型包括(　　)。U

A．软物流　　　　　B．有形物流　　　　C．无形物流　　　　D．硬物流

13．电子商务的(　　)是指保护系统能连续和正常地运行。T

A．系统软件安全　　B．系统硬件安全　　C．运行安全　　　　D．安全维护

14．为了便于群发邮件传输，邮件最好控制在(　　)以内。T

A．10 B　　　　　　B．10 K　　　　　　C．10 MB　　　　　D．10 GB

15．电子商务安全术语不包括下列哪一项(　　)。T

A．漏洞　　　　　　B．威胁　　　　　　C．邮件炸弹　　　　D．对策

16．关于数字证书的说法中，错误的是(　　)。T

A. 数字证书是一个经证书认证机构(CA)数字签名的包括用户身份信息以及公开密钥信息的电子文件

B. 在网上进行信息交流及商务活动时，需要通过数字证书来证明各实体(消费方、商户/企业、银行等)的身份

C. 数字证书采用公开密码密钥体系

D. 数字证书又称数字凭证，但不是数字标识

17. 对于企业来说，采用哪种形式广告发布渠道及方式是一种必然的趋势(　　)。T

A. 黄页形式 　　　　　　　　　　 B. 企业名录

C. 通过网络内容供应商 　　　　　 D. 主页形式

18. 对于 E-Mail 营销来说，建立邮件列表的意义在于(　　)。U

A. 便于迅速降低所出售产品的价格 　B. 便于销售产品

C. 便于与客户联系 　　　　　　　 D. 便于推广网站

19. 现代物流不包含哪种物流(　　)。T

A. 生产企业物流 　　　　　　　　 B. 工业物流

C. 商业企业物流 　　　　　　　　 D. 配送中心物流

20. 在 Microsoft Frontpage 中，选择表格的一列后，(　　)，可以在该列下方插入新的行。T

A. 右击该行，在快捷菜单中选择插入列

B. 在该行末尾按"TAB"键

C. 执行"表格"——"插入"——"行或列"命令，在"插入行列"对话框中，选择"行按钮"及"所选区域下方"按钮

D. 在该行末尾按回车符

21. 计算机犯罪的主要形式有(　　)。U

A. 故意制作、传播计算机病毒等破坏性程序，影响计算机系统的正常运行

B. 通过计算偷看他人聊天记录，并到处传播

C. 对计算机信息系统功能进行删除、修改、增加，造成计算机信息系统不能正常运行

D. 违反国家规定，侵入国家事务、国防建设、尖端科学技术领域的计算机信息系统

22．影响网上消费者购买的主要因素不包括(　　)。T

A．产品的特性　　　　　　　　　　B．网上购物的安全性

C．产品的体积和重量　　　　　　　D．购物是否便捷

23．网络广告应重点把握的法宝是(　　)。U

A．锁定目标受众　　　　　　　　　B．实时效果监控

C．选择收费低的网站发布广告　　　D．做好广告方案

24．超文本标识语言的英文缩写为(　　)。T

A．DHTML　　　　B．JAVA　　　　C．HTML　　　　D．BASIC

25．破解密码一般使用(　　)方法。U

A．暴力解密　　　　　　　　　　　B．字典解密

C．利用漏洞　　　　　　　　　　　D．偷看别人输入密码

26．电子商务中的一笔网上交易，一般(　　)是最后一个环节。T

A．物流　　　　　　B．信息流　　　　C．商流　　　　　D．资金流

27．企业采购物流的重点在于(　　)。T

A．保证企业生产的原材料供应　　　B．最低的成本

C．邮局汇款　　　　　　　　　　　D．以上因素都考虑

28．在用户注册页面上通常有"验证用户名"按钮，是用来(　　)的。T

A．记录用户输入的用户名是第几次登录

B．检查用户输入的用户名是否已被他人使用

C．验证用户输入的用户名是否与网站数据库中已有的用户名匹配

D．检查用户输入的用户名是否符合格式要求

29．利用漏洞破解密码中的技术不包括(　　)。T

A．缓冲区溢出　　　　　　　　　　B．Sendmail 漏洞

C．Sun 的 ftpd 漏洞　　　　　　　　D．TCP/IP 协议

30．下列哪种广告形式能带来最好的品牌传播作用(　　)。T

A．Banner　　　　　　　　　　　　B．文字广告

C．E-mail 广告　　　　　　　　　　D．文字链接广告

31．按交易对象分，电子商务可分为哪几种类型(　　)。U

A．B2B　　　　B．P2P　　　　C．B2C　　　　D．B2G

32. 下列关于图像文件格式说法错误的是(　　)。T

A．GIF 格式是非连续色调或具有大面积色彩图像的格式

B．JPG 格式是照片和连续色调图像的文件格式

C．网页中的图像与网页保存在同一个文件夹

D．GIF 格式支持透明的功能和动画效果

33. 网络广告计价方法中的 CPM 指的是(　　)。T

A．行动成本计价法　　　　　　　　B．千人成本计价法

C．点击成本计价法　　　　　　　　D．时间成本计价法

34. 按物流的作用不同，可分为生产物流、供应物流、销售物流和(　　)等。T

A．回收与废弃物流　　　　　　　　B．行业物流

C．地区物流　　　　　　　　　　　D．社会物流

35. 使用浏览器将某页面保存在收藏夹中，则(　　)。T

A．在资源管理器中自动生成相应文件夹保存该网页文件

B．以后可以脱机浏览该页面

C．可省去在地址栏中输入网址的麻烦

D．不能删除

36. 物流通过(　　)调节解决货物的需求和供给之间的时间差。T

A．运输　　　　　B．存储　　　　　C．包装　　　　　D．搬运装卸

37. (　　)属于定向广告传播。U

A．按访问者地理区域选择不同的广告

B．每天按照相同的顺序播放不同性质厂商的广告

C．根据一天中不同的时间出现不同性质厂商的广告

D．根据每天不同的访问流量出现不同性质厂商的广告

38. 邮件列表的应用主要体现在哪些方面(　　)。U

A．发行电子杂志　　　　　　　　　B．组织会员俱乐部

C．新产品发布　　　　　　　　　　D．发布股票信息

39. 在买卖双方签约、履约过程中扮演监督角色的是(　　)。T

A．认证中心　　　　　　　　　　　B．网络交易中心

C．网上银行　　　　　　　　　　　D．国家工商行政机关

40. 在电子邮件中利用( )，明确公司名称、地址、联系电话、联系信箱及可以展示公司文化形象的简要信息。T

    A. 地址簿　　　　　　B. 签名文件　　　　　C. 电子印章　　　　　D. 抄送

41. 电子商务环境下( )和( )的改变使网上交易的物流配送成为一项极为重要的服务业务。U

    A. 企业的营销模式　　　　　　　　　B. 人们对待网络的态度

    C. 网络消费者的购物方式　　　　　　D. 中间商经营模式

42. 影响网络消费者购买的主要因素有( )。U

    A. 产品的特性　　　　　　　　　　　B. 产品的价格

    C. 购物的便捷性　　　　　　　　　　D. 安全可靠性

43. 如果通过电话线传输数据，需要备有以下哪个设备( )。T

    A. 磁卡读入机　　　　　　　　　　　B. 调制解调器

    C. 扫描仪　　　　　　　　　　　　　D. 数字化仪

44. 每个IP地址由( )两部分组成。U

    A. 网络地址　　　　B. 逻辑地址

    C. 物理地址　　　　D. 主机地址

45. 建立邮件列表的方式有( )。U

    A. 使用自己的服务器建立邮件列表

    B. 使用网上提供的免费的邮件列表平台

    C. 使用竞争对手的服务器建立邮件列表平台

    D. 使用关系客户的服务器建立邮件列表平台

46. 图1所示的是( )类网上单证网站内部处理流程。T

    A. 身份注册　　　　B. 信息交流

    C. 信息发布　　　　D. 信息收集

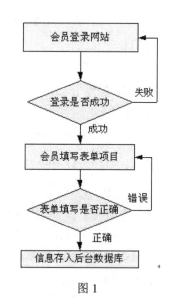

图1

47. 不需要通过浏览器进行搜索，就将搜索方式延伸到自己电脑硬盘中所存储的各种文档的搜索方式是( )。T

    A. 购物搜索　　　　B. 地址栏搜索

    C. 桌面搜索　　　　D. 新闻搜索

48. ( )占内存很小一部分，在通常情况下CPU对其只存不取。U

A. ROM　　　　　　B. RAM　　　　　　C. 只读存储器　　　　D. 随即存储器

49. 电子商务的任何一笔交易都包含(　　　)。U

A. 信息流　　　　　　B. 商流　　　　　　C. 资金流　　　　　　D. 物流

50. 网上商城可以从根本上摆脱哪些中间环节(　　　)。U

A. 库存　　　　　　B. 信息　　　　　　C. 商场的基本建设　　D. 中间费用

51. 在框架属性对话框中不可以进行的设置是(　　　)。T

A. 框架的大小　　　　　　　　　　　B. 框架的色彩

C. 框架的名称　　　　　　　　　　　D. 该框架初始页面的设置

52. (　　　)可以进行 HTML 文档的编写。U

A. 纯文本编辑器　　　　　　　　　　B. 记事本

C. Frontpage　　　　　　　　　　　　D. Dreamweaver

53. 关于物流管理的目标，说法错误的是(　　　)。T

A. 快速响应关系到企业是否能及时满足顾客服务需求能力

B. 快速响应能力把作业重点放在增大货物的储备数量上

C. 传统的解决故障的办法是建立安全库存或使用高成本的溢价运输

D. 最低库存的目标与库存的周转速度有关

54. 关于第三方物流的说法正确的是(　　　)。U

A. 第三方物流称为合同制物流

B. 提供第三方物流的企业拥有自己的产品，参与商品的买卖过程

C. 提供第三方物流的企业提供系列化、个性化的物流代理服务

D. 第三方物流能够帮助客户获得价格、利润等准确性信息

55. 网络广告是(　　　)广告。T

A. 一维　　　　　　B. 二维　　　　　　C. 三维　　　　　　D. 多维

56. 购买网上音乐的交易方式为(　　　)。T

A. 在线付款，在线交货　　　　　　　B. 在线付款，离线交货

C. 离线付款，在线交货　　　　　　　D. 离线付款，离线交货

57. (　　　)是一种通过电子邮件进行专题信息交流的网络服务，用于各种群体之间的信息交流和信息发布。T

A. 邮件列表　　　　B. 黄页目录　　　　C. 网络论坛　　　　D. 博客营销

58. 下面哪一项是系统软件(　　)。T

A．WPS　　　　　　　　　　　　B．Windows 98

C．Microsoft Word　　　　　　　　D．Microsoft Excel

59. (　　)是一种自我复制的程序，通常与病毒一样恶毒，无需先感染文件就可以在计算机之间传播。T

A．邮件炸弹　　　　B．木马　　　　C．蠕虫　　　　D．攻击者

60. 在 Internet 上，典型的电子支付方式包括(　　)。U

A．电子货币支付方式　　　　　　　B．电子支票支付方式

C．旅行支票支付方式　　　　　　　D．银行卡支付方式

61. 在下图中，"？？？"处应该是(　　)设备。T

A．支付网关　　　　　　　　　　　B．电子银行防火墙

C．信息卡网络中心　　　　　　　　D．服务器

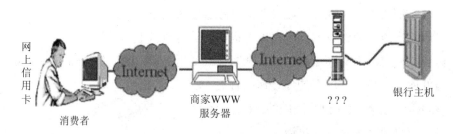

62. 在电子商务中，虚拟银行的责任和义务包括(　　)。U

A．依照客户的指示，准确、及时地完成电子资金划拨

B．按客户要求妥当地接收所划拨的资金

C．如果资金划拨未能及时完成，银行有义务返还客户资金，并支付从原定支付日到返还当日的利息

D．在国际贸易中，赔偿由于银行失误而造成的汇率损失

63. 网络商务信息收集的基本要求是(　　)。U

A．收集信息要及时　　　　　　　　B．收集信息要准确

C．要用最低的费用收集必要的信息　　D．收集信息要有针对性

64. 电子商务法的调整对象是(　　)。T

A．电子商务交易活动中发生的各种社会关系

B．电子商务洽谈活动中发生的各种社会关系

C．电子商务交易活动中发生的具体合同关系

D．电子商务洽谈活动中发生的具体合同关系

65．关于网页中的表格说法正确的是(　　)。U

A．表格中既可以输入文字，也可以插入图片

B．橡皮工具既可以擦除表格内部线条，也可以擦除表格的外框

C．利用表格可以将网页内容定位，产生非对称效果

D．设置表格属性的具体操作为："表格"｜"属性"｜"表格"

66．JPG 和 GIF 格式的图片是网页中主要应用的图片格式，这是因为它们(　　)。U

A．文件容量小 　　　　　　　　　　B．适用于网络传输

C．适用于各种平台 　　　　　　　　D．都被压缩过

67．网页中的图像与网页不是保存在同一个文件夹中的，这是因为(　　)。T

A．Windows 操作系统默认的

B．HTML 语言不能直接描述图像上的像素

C．Frontpage 中默认的

D．HTML 语言不支持图像的插入

68．(　　)是受法律承认的权威机构，负责发放和管理数字证书，使网上交易的各方能相互确认身份。T

A．电子认证中心 　　　　　　　　　B．网上银行

C．商家 　　　　　　　　　　　　　D．政府

69．电子商务的基本组成要素包括网络、用户和(　　)。U

A．认证中心 　　　B．邮政快递 　　　C．物流配送 　　　D．网上银行

70．国内提供邮件列表服务的著名站点有(　　)。T

A．www.cn99.com 　　　　　　　　B．www.listbot.com

C．www.server.com 　　　　　　　　D．www.google.com

71．网上商家开展电子贸易，需要考虑(　　)。U

A．商品性质 　　　B．企业规模 　　　C．行销目的 　　　D．预算成本

72．密码算法是一种数字函数，它的作用是(　　)。U

A．可以将原来的信息变得面目全非

B．让恶意偷看者看到的是加密后的内容

C．使恶意偷看者不能得到真实正确的内容

D．算出原密码

73．关于搜索引擎的特点说法不正确的是(   )。T

A．全文搜索引擎的查询结果往往不够准确

B．分类目录能够提供更为准确的查询结果，但收集的内容却非常有限

C．垂直主题的搜索引擎具有高度的目标化和专业化的特点

D．元搜索引擎的查全率和查准率都比较低

74．表示存储器容量的单位按从小到大排列正确的是(   )。T

A．KB GB MB TB   B．GB KB TB MB

C．KB MB GB TB   D．KB MB TB GB

75．在由于域名的注册和使用而引起的域名注册人与第三方的纠纷中，(   )。T

A．CNNIC 不充当调停人，由域名负责人自己负责处理并且承担法律责任

B．CNNIC 充当调停人，负责处理相关法律问题

C．CNNIC 不充当调停人，域名注册人自己负责处理相关纠纷，但不承担法律责任

D．CNNIC 充当调停人，域名注册人自己也要负责处理并且承担法律责任

76．邮件列表通常用于(   )。U

A．信息沟通   B．企业客户关系管理

C．发行电子杂志   D．组织会员俱乐部

77．网络营销将导致区域间商品价格差距水平(   )。T

A．增大   B．缩小   C．不变   D．没有影响

78．磁盘引导区传染的病毒是(   )。T

A．用病毒的全部或部分逻辑取代正常的引导记录，而将正常的引导记录隐藏在磁盘
    的其他地方

B．利用操作系统中所提供的一些程序及程序模块寄生并传染

C．通过额外的占用和消耗系统的内存资源，导致一些大程序受阻

D．通过抢占中断，干扰系统运行

79．计算机运行过程中临时存放程序和数据的地方是(   )。T

A．辅助存储器   B．内存   C．光盘   D．硬盘

80. EDI 的核心是(　　)。T

A. 被处理业务数据格式的国际统一标准

B. 计算机系统之间的连接

C. 利用电信号传递信息

D. 强制执行

81. 进行电子邮件营销时，电子邮件的发送频率应当是(　　)。T

A. 每周不超一次　　　　　　　　　　B. 每周不超两次

C. 无所谓　　　　　　　　　　　　　D. 越多越好

82. 计算机病毒是(　　)。T

A. 指计算机程序中不可避免的一些毁坏数据的代码

B. 影响计算机使用的一组计算机指令或程序代码

C. 能自我复制的，并且具有破坏计算机功能或毁坏数据的代码

D. 在计算机程序中插入的破坏计算机功能或毁坏数据的代码

83. 企业加入互联网，在网上建立贸易网络的途径有(　　)。U

A. 通过 E-mail 与全球各地的厂家联系

B. 建立独立的网站

C. 建立自己的 Homepage

D. 建立企业的 IBS

84. (　　)是电子商务的基础，是商务、业务信息的载体。T

A. Intranet　　　　　B. Extranet　　　　　C. www　　　　　D. Internet

85. 下列关于超链接的说法正确的是(　　)。U

A. 超链接表示两个对象之间的一种联系

B. 超链接的外观可以是多种多样的，它的载体可以是文字，也可以是图像

C. 网页中的超链接目标只可以在本网站中

D. 超链接的目标可以是网页、图像、多媒体文件、程序等

86. 下列哪一项能对计算机的硬件、软件资源和数据资源进行有效的管理(　　)。T

A. 应用软件　　　　　　　　　　　　B. 数据库管理系统

C. 操作系统　　　　　　　　　　　　D. 语言处理系统

87. 一个典型的 CA 系统中除了数据库服务器外，还包括(　　)等。U

A．安全服务器　　　　　　　　　　B．注册机构 RA

C．CA 服务器　　　　　　　　　　　D．LDAP 目录服务器

88．关于网络通信传输介质的说法正确的是(　　　)。U

A．分为有线介质和无线介质两大类

B．光纤传输属于无线传输

C．无线介质包括微波通信、蜂窝无线通信、卫星通信

D．双绞线和同轴电缆是有线传输介质

89．可以用杀毒软件进行杀毒的是(　　　)。U

A．硬盘　　　　　B．USB 盘　　　　　C．光盘　　　　　D．内存

90．电子商务交易中，卖方的义务包括(　　　)。U

A．按照合同的规定提交标的物及单据

B．对标的物的售后服务承担担保义务

C．对标的物的权利承担担保义务

D．对标的物的质量承担担保义务

91．生成消息摘要，要对证书进行(　　　)。T

A．结构化算法　　　　　　　　　　B．密码算法

C．Hash 算法　　　　　　　　　　　D．分支结构算法

92．(　　　)是指企业以向目标市场提供各种适合消费需求的有形和无形产品的方式来实现其营销目标。T

A．定价策略　　　　B．分销策略　　　　C．促销策略　　　　D．产品策略

93．电子商务企业主要利用(　　　)发布产品信息和接受订单。T

A．网络站点　　　　B．电视　　　　C．展示会　　　　D．网络广告

94．IAB(美国交互广告署)的网络广告收入报告中将网络广告分为(　　　)形式。U

A．Banner 广告　　　　　　　　　　B．赞助式广告

C．分类广告　　　　　　　　　　　D．动画式广告

95．(　　　)与信用卡公司合作，发放电子钱包，提供网上支付手段，为电子商务交易中的用户和商家服务。T

A．认证中心　　　　　　　　　　　B．网上银行

C．商家　　　　　　　　　　　　　D．物流配送中心

96. CA 的功能主要有(　　)。U

A. 证书的颁发　　　　　　　　　　　B. 证书的更新

C. 证书的作废　　　　　　　　　　　D. 证书的归档

97. 关于数字证书的公开密码密钥体系,正确的是(　　)。U

A. 发送方利用一个公共密钥(简称公钥)对数据进行加密

B. 接受方用自己的私有密钥(简称私钥)对数据进行解密

C. 公钥是公开的,而私钥是保密的,只有用户自己知道

D. 只有知道私钥的人才可以解密数据

98. 进行国际联网的计算机信息系统,由计算机信息系统的使用单位报(　　)备案。T

A. 省级以上人民政府公安机关　　　B. 县级以上人民政府公安机关

C. 省级以上信息中心　　　　　　　D. 县级以上信息中心

99. 下面关于网页中表格的说法不正确的是(　　)。T

A. 表格中既可输入文字,也可以插入图片

B. 橡皮工具可以擦除表格内部的线条,也可以擦除表格的外框

C. 利用表格可以将网页内容定位,产生非对称效果

D. 设置表格属性的具体操作为:"表格"|"属性"|"表格"

100. 对于群发软件中的 BCC/CC 功能,如果把 BCC 值设为 5,那么群发的速度是不设置时的几倍(　　)。T

A. 4　　　　　　B. 5　　　　　　C. 6　　　　　　D. 不确定

电子商务理论知识试卷 5

班级_____　　姓名_____　　学号_____　　得分_____

(说明："T"为单选题；"U"为多选题。)

1. 关于第三方物流，下列说法错误的是(　　)。T

A. 第三方物流把原来属于自己处理的物流活动以合同方式委托给专业物流服务企业

B. 通过信息系统与物流服务企业保持密切联系

C. 第三方物流又称为合同制物流

D. 第三方物流又称为委托物流

2. 在电子商务条件下，买方应当承担的义务包括(　　)。U

A. 按照网络交易规定支付价款的义务

B. 按照合同规定的时间、地点和方式接受标的物的义务

C. 对标的物按使用说明进行正常使用的义务

D. 对标的物进行验收的义务

3. (　　)是只读存储器。T

A. SD　　　　　　B. HD　　　　　　C. RAM　　　　　D. ROM

4. 在网页制作中，框架也称为(　　)。T

A. 帧　　　　　　B. 表格　　　　　C. 表单　　　　　D. 页面

5. 建立自己的邮件列表，有利于(　　)。U

A. 推广网站　　　　B. 销售产品　　　C. 客户联系　　　D. 在线调研

6. 对电子商务的理解，应从(　　)两个方面考虑。U

A. 计算机技术　　　　　　　　　B. 现代信息技术

C. 网络技术　　　　　　　　　　D. 商务

7. 电子商务的基本组成要素包括 Internet、Intranet、Extranet 商家以及(　　)。U

A. 认证中心　　　　B. 用户　　　　　C. 物流配送　　　D. 银行

8. (　　)是网络广告最大的优点。T

A. 互动性　　　　B. 实效性　　　　C. 跨地域　　　　D. 跨时空

9. 为保护好电子邮件账号，在 Outlook 中我们通常要(　　)。T

A. 加密　　　　　　　　　　B. 用完删除账号

C. 查找病毒　　　　　　　　D. 先将账号导出保存，再次使用时将该账号导入

10. 在 Microsoft Frontpage 中可以新建的框架网页类型有(　　)。U

A. 标题　　　　　　　　　　B. 脚注

C. 水平拆分　　　　　　　　D. 自顶向下的层次结构

11. 网上办公的内容通常不包括(　　)。T

A. 文件的传送　　　　　　　B. 身份识别

C. 通知传达　　　　　　　　D. 工作流控制

12. 网络营销较之传统的营销，在(　　)方面发生了改变。U

A. 营销理念　　B. 沟通方式　　C. 营销目标　　　　D. 营销策略

13. 从配送中心到用户之间的物品空间转移称为(　　)。T

A. 发货　　　　B. 送货　　　　C. 配送　　　　　　D. 集运

14. Internet 提供的主要服务包括(　　)。U

A. WWW　　　B. FTP　　　　C. E-mail　　　　　D. Telnet

15. 在网络交易过程中，对标的物的质量承担担保义务的是(　　)。T

A. 卖方　　　　B. 买方　　　　C. 网络银行　　　　D. 电子商务平台

16. 网络购物必须具备人气、交流和信息量三个基本条件，其中(　　)是基础。T

A. 人气　　　　B. 交流　　　　C. 信息量　　　　D. 交流和信息量

17. 数据传送速率是 Modem 的重要技术指标，单位为(　　)。T

A. bps　　　　B. Byte/s　　　　C. KB/s　　　　D. MB/s

18. 关于图像热点，正确的说法是(　　)。U

A. 一幅图像上可以应用多个热点　　B. 热点不能作为超连接的载体

C. 热点可以是任意形状的　　　　　D. 热点是一个点

19. 世界上第一台电子数字计算机 ENIAC 在(　　)诞生。T

A. 法国　　　　B. 英国　　　　C. 美国　　　　　　D. 德国

20. 在普通网页中可以插入的是(　　)。U

A．office 图表　　　　　　　　　　　B．书签

C．数据库　　　　　　　　　　　　　D．ActiveX 控件

21．为了缓解用户磁盘空间不足的问题，可以(　　)。U

A．删除 Internet 临时文件夹中的内容

B．适当减少网页保存在历史记录中的天数

C．清空 History 文件夹中的内容

D．删除 Cookies

22．IP 地址由(　　)两部分组成。U

A．网络地址　　　　B．逻辑地址　　　　C．物理地址　　　　D．主机地址

23．邮件列表的(　　)是对列表中信件发送的限制。T

A．名称　　　　　　B．类型　　　　　　C．代码　　　　　　D．介绍

24．(　　)占内存的很小一部分，在通常情况下 CPU 对其只存不取。U

A．ROM　　　　　　B．RAM　　　　　　C．只读存储器　　　D．随机存储器

25．网络营销策略的思考方向包括(　　)。U

A．产品性质　　　　　　　　　　　　B．网络特性

C．整体营销的考虑　　　　　　　　　D．网上推广技巧

26．网络促销方式可分为(　　)。U

A．捆绑销售　　　　B．推战略　　　　　C．降价策略　　　　D．拉战略

27．Net Ware 按照软件的分类属于(　　)。T

A．服务器软件　　　B．应用软件　　　　C．系统软件　　　　D．网络软件

28．在与网站交换连接时，如果使用来自其他网站的图片连接，会影响(　　)。U

A．访问者的信任　　　　　　　　　　B．网页整体显示效果

C．网站的搜索引擎排名　　　　　　　D．网页整体下载速度

29．现在的硬盘存储容量通常为数十(　　)。T

A．MB　　　　　　　B．KB　　　　　　　C．GB　　　　　　　D．TB

30．(　　)是一个包含证书持有人个人信息、公开密钥、证书序号、有效期、发证单位的电子签名等内容的数字文件。T

A．数字证书　　　　B．安全证书　　　　C．电子钱包　　　　D．数字签名

31．防止 IE 泄密最有效的配置是对(　　)使用 Active X 控件和 Java Script 脚本进行控

制。T

    A．网络　　　　　　　B．Cookies　　　　C．计算机硬件　　　　D．IE

32．要使IE每次启动时自动登录到你的个人主页，需要对"主页"进行(　　)设置。T

    A．使用当前页　　　　　　　　　　　B．使用默认页

    C．使用空白地址　　　　　　　　　　D．自定义地址

33．威胁就是危险源，以下属于威胁的有(　　)。U

    A．身份欺骗　　　　　B．篡改数据　　　　C．信息暴露　　　　D．特洛伊木马

34．如果消费者在网上未找到所需的货物，一般也可以点击任一页面上端导航条中的
(　　)便可进入订购申请页面。T

    A．产品求购　　　　　B．产品咨询　　　　C．产品查询　　　　D．产品搜索

35．网上交易一般包括(　　)。U

    A．网上谈判　　　　　B．网上采购　　　　C．网上销售　　　　D．网上支付

36．企业建立自己电子贸易空间的最简单方式是(　　)。T

    A．建立自己的网页　　　　　　　　　B．建立企业互联网商务系统

    C．架设独立的网站　　　　　　　　　D．申请电子邮件地址

37．网络广告的优势在于(　　)。U

    A．交互性　　　　　　B．多维性　　　　　C．纵深性　　　　　D．针对性

38．在用户注册页面上通常有"验证用户名"按钮，是用来(　　)。T

    A．检查用户输入的用户名是否与前一次输入相同

    B．检查用户输入的用户名是否已被使用

    C．检查用户输入的用户名是否与网站数据库中已有的用户名匹配

    D．检查用户输入的用户名是否符合格式要求

39．计算机信息系统实行安全等级保护，安全等级的划分标准和安全等级保护的具体
办法，由(　　)会同有关部门制定。T

    A．教育部　　　　　　B．国防部　　　　　C．安全部　　　　　D．公安部

40．电子商务过程中，若买方不按合同规定支付货款和不按规定收取货物时，卖方可
以选择(　　)作为救济方法。U

    A．减少支付价款

    B．要求买方支付价款、收取货物或履行其他义务

C. 损害赔偿，要求买方支付合同价格与转售价之间的差额

D. 解除合同

41. 操作系统所在的存储器属于(　　)。T

A. 半导体存储器　　　　　　　　　　B. 光存储器

C. 电存储器　　　　　　　　　　　　D. 磁盘存储器

42. 数字证书的内部格式一般组成包括(　　)。U

A. 标准域　　　　B. 扩展域　　　　C. 自定义域　　　　D. CA 签名

43. 群发软件中，如果 BCC 设置为 5，群发时将以(　　)邮件为一组，每发送一封邮件可以捎带发送 5 封邮件出去。T

A. 5 封　　　　　B. 6 封　　　　　C. 7 封　　　　　D. 8 封

44. 干扰打印机的计算机病毒一般会出现的情况有(　　)。U

A. 假报警　　　　　　　　　　　　　B. 间断性打印

C. 更换字符　　　　　　　　　　　　D. 屏幕倒置

45. (　　)的邮件列表是指只有邮件列表里的成员才能发送信件。T

A. 封闭类型　　　　B. 公开类型　　　　C. 管制类型　　　　D. 自由类型

46. 下列软件属于防火墙的是(　　)。U

A. 天网防火墙　　　　　　　　　　　B. 金山网镖

C. 金山毒霸　　　　　　　　　　　　D. Windows 防火墙

47. 使用 Outlook Express 只能接收邮件，不能发送，则可能(　　)。T

A. 密码错误　　　　　　　　　　　　B. IP 地址错误

C. SMTP 服务器地址错误　　　　　　D. POP3 服务器地址错误

48. 生成消息摘要，要对证书进行(　　)。T

A. 结构化运算　　　　　　　　　　　B. 密码运算

C. Hash 运算　　　　　　　　　　　D. 分支结构运算

49. www.sbs.edu.cn 中，edu 表示(　　)。T

A. 教育机构　　　　B. 中国　　　　C. 广域网　　　　D. 区域

50. (　　)能够用来制作网页。U

A. Dreamweaver　　　　B. Frontpage　　　　C. Flash MX　　　　D. Photoshop

51. 传统企业要进行电子商务运作，重要的是优化内部(　　)。T

A．决策支持系统　　　　　　　　　　　B．传统管理

C．信息管理系统　　　　　　　　　　　D．客户关系管理

52．微型计算机上使用的基本输入设备是(　　)。U

A．键盘　　　　　　B．鼠标　　　　　　C．显示器　　　　　　D．打印机

53．常用的数据交换技术有(　　)。U

A．报文交换　　　　B．线路交换　　　　C．电路交换　　　　　D．分组交换

54．广告服务商的选择，不仅要根据自身特点，还要考虑服务商的特性，如(　　)。U

A．技术力量　　　　B．服务类型　　　　C．通信出口速率　　　D．组织实力

55．暴力解密的方法又称(　　)。T

A．利用漏洞解密　　B．偷看密码　　　　C．字典解密　　　　　D．穷举解密

56．邮件列表的类型包括(　　)。U

A．公开　　　　　　B．封闭　　　　　　C．管制　　　　　　　D．开放

57．在利用网络交流信息进行网络营销时最好要(　　)。U

A．争取得到客户的允许　　　　　　　　B．明确邮件的主题

C．电子邮件内容简洁　　　　　　　　　D．较高频率发送邮件

58．电子交易的合同履行中，电话卡的销售适合采取(　　)的方式。T

A．在线支付，离线交货　　　　　　　　B．在线支付，在线交货

C．离线支付，在线交货　　　　　　　　D．离线支付，离线交货

59．在CA系统中，LDAP服务器的作用是(　　)。T

A．认证机构中的核心部分

B．用于认证机构数据

C．提供目录浏览服务

D．向CA转发安全服务器传输过来的证书申请请求

60．使用浏览器将某页面保存在收藏夹中，则(　　)。T

A．在资源管理器中自动生成相应文件夹保存该网页文件

B．以后可以脱机浏览该页面

C．可省去在地址栏中输入网址的麻烦

D．不能删除

61．如果需要定期发送大量电子邮件给多个用户，较好的选择是(　　)。T

A．群发邮件技术　　　　　　　　　B．邮件列表

C．电子邮件　　　　　　　　　　　D．BBS

62．网络广告计价的两种模式是(　　　)。U

A．基于广告显示次数的"千人成本法"

B．基于广告所产生效果的"每点击成本法"

C．基于广告所占面积大小的"面积成本法"

D．基于广告所显示位置的"等级计费法"

63．(　　　)是电子商务的基础，是商务、业务信息传递的载体。T

A．Intranet　　　　　B．Extranet　　　　C．www　　　　　D．Internet

64．Windows 自带的收发邮件系统是(　　　)。T

A．Outlook Express　　　　　　　　B．Outlook

C．Foxmail　　　　　　　　　　　D．Sina100

65．(　　　)主要是指网络营销是在虚拟的计算机空间进行运作。T

A．Internet Marketing　　　　　　　B．Cyber Marketing

C．Network Marketing　　　　　　　D．e-Marketing

66．在旗帜广告中，"免费"意味着(　　　)。T

A．免费赠予物品　　　　　　　　　B．浏览者可以自由点击旗帜广告

C．免费获得网站全部信息　　　　　D．免费购物

67．(　　　)订阅类型的电子邮件，用户可以直接在"希网"的网站上订阅该列表，无须管理员干预。T

A．公开　　　　　B．审批　　　　　C．收费　　　　　D．免费

68．网上广告应该着重把握的是(　　　)。U

A．强调色彩效果　　　　　　　　　B．做好广告文案

C．实时效果监控　　　　　　　　　D．锁定目标受众

69．关于图像热点的说法中，正确的是(　　　)。T

A．热点是一个点　　　　　　　　　B．热点可以是任意形状的

C．一幅图像上只能应用一个热点　　D．热点不能作为超链接的载体

70．国内提供邮件列表服务的著名站点有(　　　)。T

A．www.cn99.com　　　　　　　　B．www.listbot.com

C．www.server.com　　　　　　　　　　Dwww.google.com

71．关于超链接的说法中，不正确的是(　　)。T

A．超链接可以反映网页内部各个位置之间的联系

B．超链接可以反映网页之间的联系

C．文字形式的超链接自动带有下划线

D．图像形式的超链接自动改变颜色

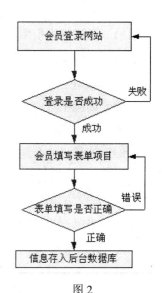

图2

72．一个 E-mail 只能申请一个希网账号，长度在(　　)个字符之间，不区分大小写。T

A．6～50 个　　　　　　B．5～50 个

C．6～60 个　　　　　　D．5～60 个

73．图 2 所示的是(　　)类网上单证网站内部处理流程。T

A．身份注册　　　　　B．信息交流

C．信息发布　　　　　D．信息收集

74．如果在广告发布期间出现无法连接的故障应(　　)以免浪费广告费用。T

A．继续广告播放　　　B．暂停广告播放

C．关闭站点服务器　　D．启用备用站点服务器

75．模糊广告用语在互联网上是很走俏的，是为了追求(　　)。T

A．品牌　　　　B．点击率　　　C．销售额　　　D．知名度

76．管理人员利用一定的设备、根据一定的程序对信息进行收集、分类、分析、评估，并把精确信息及时地提供给决策人员，以便他们作出高质量的物流决策，以上定义指的是(　　)。T

A．加工信息　　　　　　　　B．电子商务系统

C．电子商务网上贸易系统　　　D．物流信息系统

77．电子商务中更先进的方式是在 Internet 的环境下，借助(　　)在网络上直接支付，具体方式是用户网上发送经加密的银行卡号和密码到银行进行支付。T

A．SET 协议　　B．SSL 协议　　C．Hash 算法　　D．ICA 算法

78．群发邮件格式可以是(　　)。U

A．TXT　　　　B．HTML　　　C．RTF　　　D．JPEG

79. (　　)不是电子政务的应用。T

A．网上纳税　　　　　B．网上社保　　　　　C．网上审批　　　　　D．网上采购

80. 在 Microsoft Frontpage 的格式栏中不能进行字符的(　　)设置。T

A．颜色　　　　　B．大小　　　　　C．字间距　　　　　D．字体

81. 通过搜索引擎可以(　　)。U

A．检索信息　　　　　　　　　　　　B．推广网站和产品

C．发布网络广告　　　　　　　　　　D．在线支付

82. 物流系统中，各环节的相互衔接是通过(　　)予以沟通的。T

A．人员交流　　　　　B．资料　　　　　C．信息　　　　　D．信号

83. 计算机安全通常表现在(　　)。U

A．对计算机密码的保护　　　　　　　B．对计算机系统的安全保护

C．对网络病毒的保护　　　　　　　　D．对计算机犯罪的防范打击

84. 可以作为密码字符的是(　　)。U

A．大小字母　　　　　B．数字　　　　　C．标点　　　　　D．特殊符号

85. 以下可以作为计算机存储介质的是(　　)。U

A．半导体存储器　　　　　　　　　　B．光存储器

C．磁盘存储器　　　　　　　　　　　D．电存储器

86. Internet 上电子商务对传统的市场营销理念造成了极大的冲击，主要表现在(　　)。U

A．对营销渠道的冲击　　　　　　　　B．对定价策略的冲击

C．对广告策略的冲击　　　　　　　　D．对差异化产品的冲击

87. (　　)是网络营销对网络商务信息收集最基础的要求。T

A．及时　　　　　B．准确　　　　　C．适度　　　　　D．经济

88. 邮件列表的使用范围主要包括(　　)。U

A．企业应用　　　　　　　　　　　　B．组织会员俱乐部

C．发行电子杂志　　　　　　　　　　D．提高在搜索引擎上的排名

89. 根据数据信息在传输线上的传输方向，数据通信方式可分为(　　)。U

A．半单工通信　　　　　　　　　　　B．单工通信

C．半双工通信　　　　　　　　　　　D．全双工通信

90．具体来讲，商业企业的物流活动包括(　　)。U

A．商品采购物流　　　　　　　　　　　B．企业内部物流

C．销售物流　　　　　　　　　　　　　D．商品退货物流

91．互联网上经常使用 Java、JavaApplet、ActiveX 编写的脚本，它们可能会获取用户的用户标识、IP 地址和口令等信息，影响系统的(　　)。T

A．安全　　　　　B．稳定　　　　　C．硬件　　　　　D．网络

92．在电子商务中，人们需要用(　　)机制来表明各自的身份。T

A．CA 认证　　　　B．数字证书　　　　C．数据加密　　　　D．电子签名

93．(　　)已成为电子商务支付的主流。T

A．银行汇款　　　　B．邮局汇款　　　　C．分期付款　　　　D．电子支付

94．不管是传统营销强调的 4P 还是现代营销追求的 4C，任何一种观念都必须基于这样一个前提：企业必须实现(　　)。T

A．概念营销　　　　B．全程营销　　　　C．捆绑营销　　　　D．客户营销

95．在下图中，"？？？"处应该是(　　)设备。T

A．路由器　　　　B．交换机　　　　C．网络中心　　　　D．银行主机

96．如果是一款女性化妆品的广告，最佳投放站点是(　　)。T

A．华军软件园　　　　　　　　　　　B．IT 世界

C．盛大在线　　　　　　　　　　　　D．TOM 女性

97．在电子支付方式中，借记卡属于(　　)支付方式。T

A．电子货币　　　　B．电子支票　　　　C．银行卡　　　　D．网银卡

98．(　　)不需要通过浏览器来进行搜索。T

A．地址栏搜索　　　　　　　　　　　B．桌面搜索

C．关键词搜索　　　　　　　　　　　D．购物搜索

99．在 Microsoft Frontpage 中，(   )可以调整表格左边框。T

A．鼠标拖动任一列的左边框或右边框

B．在"表格属性"对话框中，改变表格宽度

C．在"单元格属性"对话框中，改变最左边一列的宽度

D．在"表格属性对话框"中，改变表格的对齐方式

100．网络广告的目的是(   )。U

A．塑造网络品牌　　　　　　B．形成站点销售

C．树立企业形象　　　　　　D．吸引顾客点击

电子商务理论知识试卷 6

班级＿＿＿＿＿＿　　姓名＿＿＿＿＿＿＿　　学号＿＿＿＿＿＿　　得分＿＿＿＿＿

（说明："T"为单选题；"U"为多选题。）

1. 关于物流管理的目标，下列说法错误的是(　　)。T

A. 快速响应关系到企业是否能及时满足顾客服务需求的能力

B. 快速响应能力把作业重点放在增大货物的储备数量上

C. 传统解决故障的办法是建立安全库存或使用高成本的溢价运输

D. 最低库存的目标与库存的周转速度有关

2. 电子商务交易中，卖方的义务包括(　　)。U

A. 按照合同的规定提交标的物及单据

B. 对标的物的售后服务承担担保义务

C. 对标的物的权利承担担保义务

D. 对标的物的质量承担担保义务

3. 计算机中，存储器容量以(　　)为基本单位。T

A. 位　　　　　　　B. 字节　　　　　　C. bit　　　　　　D. KB

4. 在网页制作中，框架也称为(　　)。T

A. 帧　　　　　　　B. 表格　　　　　　C. 表单　　　　　　D. 页面

5. 邮件列表发行周期可以是(　　)。U

A. 周刊　　　　　　B. 隔周　　　　　　C. 半月刊　　　　　D. 不定期

6. 对电子商务的理解，应从(　　)两个方面考虑。U

A. 计算机技术　　　　　　　　　　B. 现代信息技术

C. 网络技术　　　　　　　　　　　D. 商务

7. 电子商务的基本组成要素包括 Internet、Intranet、Extranet、商家以及(　　)。U

A. 认证中心　　　　B. 用户　　　　　　C. 物流配送　　　D. 银行

8. (　　)只允许邮件列表里的成员发表信件，如同学(校友)通讯录、技术讨论组等。T

A. 封闭型邮件列表　　　　　　　　B. 公开型邮件列表

C. 管制型邮件列表　　　　　　　　D. 开放型邮件列表

9. 为保护好电子邮件账号，在 Outlook 中我们通常要(　　)。T

A. 加密　　　　　　　　　　　　　B. 用完删除账号

C. 查找病毒　　　　　　　　　　　D. 先将账号导出保存，再次使用时将该账号导入

10. 在创建一个新表单时，可以选择(　　)。U

A. 使用一种预制的网页表单模板　　B. 自动生成表单

C. 按照"表单网页向导"来做　　　　D. 创建自己的表单

11. 网上办公的内容通常不包括(　　)。T

A. 文件的传输　　　　　　　　　　B. 身份识别

C. 通知传达　　　　　　　　　　　D. 工作流控制

12. 网络营销较之传统营销，在(　　)方面发生了改变。U

A. 营销理念　　　B. 沟通方式　　　C. 营销目标　　　D. 营销策略

13. 电子商务中的网上交易，以(　　)为最后一个环节。T

A. 物流　　　　　B. 信息流　　　　C. 商流　　　　　D. 资金流

14. 要在 IE 浏览器中按原始格式保存包括所有文件、图像、框架和样式等完整的 Web 页，可以选择的方式是(　　)。T

A. 保存类型为网页，全部　　　　　B. 保存类型为 web 档案，单一文件

C. 保存类型为网页，仅 HTML　　　D. 保存类型为文本文件

15. 在电子商务中，虚拟银行扮演的角色是(　　)。T

A. 发送银行或接收银行　　　　　　B. 发送银行和接收银行

C. 中转机构和交易保障部门　　　　D. 中转机构或交易保障部门

16. EDI 的核心是被处理业务数据格式的(　　)统一标准。T

A. 国际　　　　　B. 国内　　　　　C. 行业　　　　　D. 专业

17. (　　)称为 CPU，它主要由控制器和运算器组成，是计算机的核心部件。T

A. 内存　　　　　B. 主频　　　　　C. 中央处理器　　　D. 主机

18. 在建立站点时需要做到(　　)。U

A. 一定要在你的站点结构中留出适当的增长空间

B．通过使用网页模板将重复性任务减至最低程度

C．使用共享边框以便在网页中自动包含保准元素

D．使用主题和其他组件以便在网页中自动包含保准元素

19．内存和 NOR 闪存的基本存储单元是(　　)。T

A．MB 和 bit　　B．page 和 bit　　C．bit 和 bit　　D．Byte 和 bit

20．在网页中，可以用于创建表格的是(　　)。U

A．使用"插入表格"按钮　　　　　　B．使用"表格"│"插入表格"命令

C．使用表格绘制工具　　　　　　　D．使用字处理程序将常规文本转换为表格

21．关于 Internet 临时文件夹，以下说法正确的是(　　)。U

A．默认文件夹为 C:\Document and Setting\sys\Local Setting\Temporary Files

B．用户可以自定义文件夹的位置和空间大小

C．Internet 临时文件夹的作用是为方便用户快速访问已访问过的网页

D．删除临时文件夹中的内容，可以释放一部分硬盘空间

22．每个 IP 地址由(　　)两部分组成。U

A．网络地址　　　　B．逻辑地址　　　　C．物理地址　　　　D．主机地址

23．在下图中，"？？？"应该是什么设备(　　)。T

A．路由器　　　　B．交换机　　　　C．网络中心　　　　D．支付网关

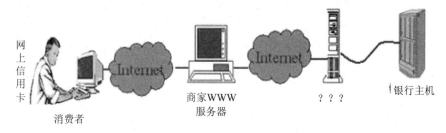

24．(　　)占内存很小一部分，在通常情况下 CPU 对其只存不取。U

A．ROM　　　　B．RAM　　　　C．只读存储器　　　　D．随机存储器

25．消费者选择网上购物时考虑的便捷性，包括(　　)。U

A．时间上的便捷性　　　　　　　　B．地点上的便捷性

C．流程上的便捷性　　　　　　　　D．费用上的节省

26．网络促销方式可分为(　　)。U

A．捆绑销售　　　　B．推战略　　　　C．降价策略　　　　D．拉战略

27．(　　)是用来存储程序和数据的部件，是计算机的重要组成部分。T

A．中央处理器　　　B．控制器　　　　C．运算器　　　　D．存储器

28．具有一定互补优势的网站之间交换链接，主要能起到(　　)作用。U

A．获得访问量

B．增加用户浏览时的印象

C．在搜索引擎排名中增加优势

D．通过合作站点的推荐增加访问者的可信度

29．(　　)是指组成计算机的任何机械的、磁性的、电子的装置或部件，微型计算机的主要组成部分是 CPU、存储器、基本输入输出设备和其他外围设备。T

A．计算机软件　　　　　　　　　B．计算机硬件

C．计算机主机　　　　　　　　　D．计算机外设

30．由于网络营销的双向互动性，使其真正实现了(　　)。T

A．买方市场　　　B．全程营销　　　C．卖方市场　　　D．营销整合

31．对计算机病毒和危害社会公共安全的其他有害数据的防治研究工作，由(　　)归口管理。T

A．工商部　　　B．安全部　　　C．公安部　　　D．信息部

32．在 Internet Explorer 中设置 Internet 选项，如果将主页设置为默认页，则启动浏览器时最先打开的起始页是(　　)。T

A．空白页　　　　　　　　　　　B．Intel 公司主页

C．Microsoft 公司主页　　　　　　D．用户个人主页

33．威胁就是危险源，以下属于威胁的是(　　)。U

A．身份欺骗　　　　　　　　　　B．篡改数据

C．信息暴露　　　　　　　　　　D．特洛伊木马

34．CPC(每点击成本)是基于(　　)的网络广告计费方式。T

A．广告效果　　　　　　　　　　B．产品知名度

C．销售额度量　　　　　　　　　D．广告显示次数

35．密码算法是一种数学函数，它的作用是(　　)。U

A．可以将原来的信息变得面目全非

B．让恶意偷看者看到的是加密后的内容

C．使恶意偷看者不能得到真实正确的内容

D．算出原密码

36．主机之间没有主从关系，网络中的多个用户可以共享计算机网络中的软、硬件资源，这种计算机网络属于(　　)。T

A．国际标准化的计算机网络　　　　　　B．多个计算机互联的通信系统

C．以单机为中心的通信系统　　　　　　D．基于 C/S 结构的通信系统

37．影响网络消费者购买的主要因素有(　　)。U

A．产品的特性　　　　　　　　　　　　B．产品的价格

C．购物的便捷性　　　　　　　　　　　D．安全可靠性

38．(　　)网是一种专业类产品直接在互联网上进行销售的方式。T

A．专类销售　　　B．企业名录　　　C．黄页形式　　　D．网络报纸

39．按照地址的分类，184.12.15.6 是一个(　　)类地址。T

A．A　　　　　　B．B　　　　　　C．C　　　　　　D．D

40．电子商务过程中，若买方不按合同规定支付货款和不按规定收取货物，卖方可以选择(　　)作为救济方法。U

A．减少支付价款

B．要求买方支付价款、收取货物或履行其他义务

C．损害赔偿，要求买方支付合同价格与转售价之间的差额

D．解除合同

41．软盘、硬盘属于(　　)。T

A．半导体存储器　　　　　　　　　　　B．光存储器

C．电存储器　　　　　　　　　　　　　D．磁盘存储器

42．计算机存储介质按容量从大到小排列，正确的是(　　)。T

A．光盘、256 MB 内存、128 MB 内存、软盘

B．光盘、256 MB 内存、128 MB 内存、CD 盘

C．80G 硬盘、DVD、CD、1G U 盘

D．80G 硬盘、DVD、CD、128 MB 内存

43．下图所示的是(　　)类网上单证网站内部处理流程。T

A．身份注册　　　　　B．信息交流　　　　　C．信息发布　　　　　D．信息收集

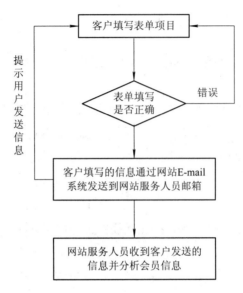

44．企业用户申请数字证书必须满足(　　)。U

A．具有独立的法人资格　　　　　　　　B．拥有工商营业执照

C．税务登记号　　　　　　　　　　　　D．有明确的要求

45．目前已经推出的电子支付方式是以(　　)为基础的。T

A．数字文件设备　　　　　　　　　　　B．商用电子化网络

C．金融电子化网络　　　　　　　　　　D．开放支付网络

46．下列属于数字证书格式标准域的是(　　)。U

A．证书序列号　　　　　　　　　　　　B．证书有效期

C．签名算法标志　　　　　　　　　　　D．失效期

47．网络商务信息收集的基本要求中，最根本的是(　　)。T

A．及时　　　　　B．准确　　　　　C．适度　　　　　D．经济

48．生成消息摘要，要对证书进行(　　)。T

A．结构化运算　　　　　　　　　　　　B．密码运算

C．Hash 运算　　　　　　　　　　　　D．分支结构运算

49．第一代计算机网络是(　　)。T

A．以单机为中心的通信系统　　　　　　B．多个计算机互联的通信系统

C．国际标准化的计算机网络　　　　　　　D共享系统资源的计算机网络

50．在 Microsoft Frontpage 的"站点计数器属性"对话框中可以进行(　　)设置。U

A．自定义背景图片　　　　　　　　　　　B．计数器重置为 0

C．设定数字位数　　　　　　　　　　　　D．计数器样式

51．(　　)是受法律承认的权威机构，负责发放和管理数字证书，使网上交易的各方能互相确认身份。T

A．网上银行　　　　　　　　　　　　　　B．网上工商局

C．认证中心　　　　　　　　　　　　　　D．配送中心

52．微型计算机上使用的基本输入设备是(　　)。U

A．键盘　　　　　　B．鼠标　　　　　　C．显示器　　　　　　D．打印机

53．常用的数据交换技术有(　　)。U

A　报文交换　　　　B．线路交换　　　　C．电路交换　　　　D．分组交换

54．网络广告的形式包括(　　)。U

A．文字链接　　　　B．按钮　　　　　　C．弹出式　　　　　　D．视频

55．暴力解密的方法又称(　　)。T

A．利用漏洞解密　　　　　　　　　　　　B．偷看密码

C．字典解密　　　　　　　　　　　　　　D．穷举解密

56．如果邮件主题和邮件内容中包含有如(　　)等字词，服务器将会过滤掉该邮件，致使邮件不能发送成功。U

A．大量　　　　　　B．宣传　　　　　　C．钱　　　　　　　　D．用户

57．网络营销工作主要通过电子邮件的书面沟通来达成，相对于传统营销有更大的挑战性，因此要尽量做到(　　)。U

A．及时回复　　　　　　　　　　　　　　B．恰当处理客户意见

C．对常见问题给予个性化回复　　　　　　D．明确公司联系信息

58．(　　)扮演着一个买卖双方签约、履约的监督管理角色。T

A．电子银行　　　　　　　　　　　　　　B．工商行政管理部门

C．认证中心　　　　　　　　　　　　　　D．网络交易中心

59．CA 系统中，LDAP 服务器的作用是(　　)。T

A．认证机构中的核心部分　　　　　　　　B．用于认证机构数据

C．提供目录浏览服务

D．向 CA 转发安全服务器传输过来的证书申请请求

60．电子邮箱实际上是在(　　)的 E-mail 服务器上为用户开辟一块专用磁盘空间。T

A．ICP　　　　　　　　B．ISP　　　　　　　　C．ASP　　　　　　D．CA

61．(　　)是指经各种交流传递的方式，如口头传递、新闻发布等，将信息迅速扩散出去。T

A．网络社区营销　　　　　　　　　　B．病毒性营销

C．广播式营销　　　　　　　　　　　D．大众营销

62．电子商务环境下物流业发展的趋势有(　　)。U

A．信息化　　　　　　B　集约化　　　　　　C．多功能化　　　　　D．全球化

63．(　　)是电子商务的基础，是商务、业务信息传送的载体。T

A．Intranet　　　　　B．Extranet　　　　　C．www　　　　　　D．Internet

64．Windows 自带的收发邮件系统是(　　)。T

A．Outlook Express　　　　　　　　B．Outlook

C．Foxmail　　　　　　　　　　　　D．Sina100

65．(　　)主要是指网络营销在虚拟的计算机空间进行操作。T

A．Internet Marketing　　　　　　　B．Cyber Marketing

C．Network Marketing　　　　　　　D．e-Marketing

66．(　　)是指企业以向目标市场提供各种适合消费者需求的有形和无形产品的方式来实现其营销目标。T

A．定价策略　　　　B．分销策略　　　　C．促销策略　　　　D．产品策略

67．在一个网站要推广的时候，要想使网上广告发挥更大的作用，应当(　　)。T

A．仅使用单一的某种媒体　　　　　　B．使用多种传统媒体

C．仅使用网络媒体　　　　　　　　　D．传统媒体与网络媒体相结合

68．网络广告的最基本目的包括(　　)。U

A．塑造网络品牌　　　　　　　　　　B．形成站点销售

C．树立企业的形象　　　　　　　　　D．吸引顾客点击

69．在 Microsoft Frontpage 中，关于表格的使用，正确的说法是(　　)。T

A．表格在网页制作中很少使用

B．用户可以将 Word 文档中的表格转换为网页上的表格

C．表格不可以嵌套表格，实现复杂的网页定位

D．不能对表格的外边框的粗细和颜色进行设置

70．对一般商品来讲，价格与需求量之间经常表现为(　　)。T

A．反比关系　　　　　　　　　　　　B．正比关系

C．正态分布关系　　　　　　　　　　D．指数分布关系

71．在 Microsoft Frontpage 中，框架属性对话框不可以进行(　　)的设置。T

A．初始网页　　　　　　　　　　　　B．框架大小

C．网页中的图片大小　　　　　　　　D．边距

72．以下关于网上单证的描述语句中正确的是(　　)。T

A．普通信息交流类网上单证可以收集用户信息和确认用户身份

B．设计网上单证时，要以尽可能多的步骤使得流程更专业更完善

C．多收集注册用户的个人信息，有助于网站更有效地锁定目标客户

D．网上单证格式的简洁，界面风格的友好及功能的完整是十分重要的

73．在 COOL 3D 软件中，点击工具栏上的(　　　　)按钮可以将所选择的效果运用到动画上。T

A．Apply　　　　　　　B.Execute　　　　　　C．Run　　　　　　D．Do

74．国外提供邮件列表服务的著名站点有(　　)。T

A．www.listbot.com　　　　　　　　B．www.cn99.com

C．www.bodachina.com　　　　　　　D．www.anova.com

75．群发软件中的(　　)功能，即发送一封邮件时可附带发送邮件的数量，此值设置越大，群发速度将依照设置数值成倍增加。T

A．ACC/CC　　　　B．CCC/CC　　　　C．BCC/CC　　　　D．DCC/CC

76．(　　)能做到统一一次定价，重复成本减少。T

A．单一方式承运人　　　　　　　　　B．小件承运人

C．多式联运经营人　　　　　　　　　D．第三方运输

77．在 Microsoft Frontpage 中，要打开"创建超链接"对话框，不能实现的操作是(　　)。T

A．执行"格式"——"超链接"

B．单击工具栏上的超链接按钮

C．执行"插入"——"超链接"

D．右击超链接的载体，在快捷菜单中选择"超链接"

78．网络广告效果的最直接评价标准是(　　)。U

A．显示次数　　　　　B．反馈率　　　　　　　C．点击率　　　　　　　D．销售额变化

79．(　　)不是电子政务的应用。T

A．网上纳税　　　　　B．网上社保　　　　　　C．网上审批　　　　　　D．网上教育

80．网页中使用图像的原则，错误的说法是(　　)。T

A．在保证所需的清晰度的情况下，尽量压缩图像的大小

B．使用尽量少的颜色，因为图像的颜色种类越多，下载的时间越长

C．采用分割图像的方法把大的图像分割成几小块，同时下载

D．除了彩色照片和高色彩图像外，尽量使用 JPEG 格式图像

81．利用电子邮件附件功能，可以发送(　　)。U

A．文本文件　　　　　B．GIF 动画　　　　　　C．声音文件　　　　　　D．Flash 文件

82．关于电子商务的概念模型的描述中，错误的说法是(　　)。T

A．强调信息流、商流、资金流和物流的整合

B．信息流作为连接的纽带贯穿于电子商务交易的整个过程中

C．电子商务概念模型中的实体主要指购买商品的顾客

D．模型中的资金流主要指资金转移过程

83．计算机安全通常表现在(　　)。U

A．对计算机密码的保护　　　　　　　　　　B．对计算机系统的安全保护

C．对网络病毒防护　　　　　　　　　　　　D．对计算机犯罪的防范打击

84．可以用杀毒软件进行杀毒的是(　　)。U

A．硬盘　　　　　　　B．USB 盘　　　　　　C．光盘　　　　　　　　D．内存

85．(　　)是选择网络广告媒体的基本原则。U

A．广告站点必须有比较高的流量

B．广告站点的访问者是否与您的潜在顾客有所关联

C．选择线路和服务器可靠的站点

D．能够提供广告播发详细报告的站点

86．Internet 上电子商务对传统的市场营销理念造成了很大的冲击，主要表现在（　　）。U

    A．对营销渠道的冲击　　　　　　　　B．对定价策略的冲击

    C．对广告策略的冲击　　　　　　　　D．对差异化产品的冲击

87．（　　）是 Internet 上的一类网站，其主要工作是自动搜索 Web 服务器的信息，并将信息进行分类，建立索引，然后把索引内容存放到数据库中。T

    A．信息门户　　　　B．ICP　　　　C．博客　　　　D．搜索

88．下列关于防火墙说法正确的是（　　）。U

    A．要经常升级　　　　　　　　　　　B．越多越好，功能不同屏蔽不同病毒

    C．是网络安全的屏障　　　　　　　　D．可以进行查杀毒

89．根据数据信息在传输线上的传送方向，数据通信方式可分为（　　）。U

    A．半单工通信　　　　　　　　　　　B．单工通信

    C．半双工通信　　　　　　　　　　　D．全双工通信

90．具体来讲，商业企业的物流包括（　　）。U

    A．商品采购物流　　　　　　　　　　B．企业内部物流

    C．销售物流　　　　　　　　　　　　D．商品退货物流

91．（　　）是指软件、硬件或策略上的缺陷，这种缺陷导致非法用户未经授权而获得访问系统的权限或提高权限。T

    A．漏洞　　　　　　B．威胁　　　　C．病毒　　　　D．攻击

92．下面（　　）不属于电子商务认证机构对登记者履行的监督管理职责。T

    A．监督登记者按照规定办理登记、变更、注销手续

    B．监督登记者按照电子商务有关法律法规合法从事经营活动

    C．监督登记者按照电子商务有关法律法规合法依法纳税

    D．制止和查处登记人的违法交易活动，保护交易人的合法权益

93．（　　）是一个包含证书持有人、个人信息、公开密钥、证书序列号、有效期、发证单位的电子签名等内容的数字文件。T

    A．数字证书　　　　B．安全证书　　　C．电子钱包　　　D．数字签名

94．在网上对商品促销时，如果某种产品的价格标准不统一或经常改变，客户将会通过互联网认识到这种价格差异，并可能因此导致不满，体现了网络营销对传统营销的

(　　)。T

  A. 营销渠道冲击   B. 定价策略冲击

  C. 广告策略冲击   D. 标准化产品冲击

95. 广告主在传统媒体上进行市场推广的第一阶段是(　　)。T

  A. 市场开发期   B. 市场拓展期

  C. 市场维持期   D. 市场巩固期

96. 群发软件中，如 BCC 设置为 5，群发时将以(　　)封邮件为一组。T

  A. 5   B. 6   C. 7   D. 8

97. 互联网媒体的最大的优势是(　　)。T

  A. 交互性强   B. 实时更新快

  C. 内容表达方式丰富   D. 反馈与交流快

98. 检索其他目录检索网站的搜索引擎叫(　　)。T

  A. 搜索检索引擎   B. 目录检索引擎

  C. Spider 检索引擎   D. 元搜索引擎

99. 在 Microsoft Frontpage 中，(　　)可以调整表格左边框。T

  A. 鼠标拖动任一列的左边框或右边框

  B. 在"表格属性"对话框中，改变表格宽度

  C. 在"单元格属性"对话框中，改变最左边一列的宽度

  D. 在"表格属性"对话框中，改变表格的对齐方式

100. 在选择网络广告媒体之前，需要确定(　　)。U

  A. 确定广告位置和尺寸   B. 制作网幅广告

  C. 周期长度   D. 受众范围